AF388440

Tolga Göden

Photovoltaik-Anlagen in der Türkei

Eine Potenzialanalyse mit
Wirtschaftlichkeitsberechnungen

Göden, Tolga: Photovoltaik-Anlagen in der Türkei: Eine Potenzialanalysemit Wirtschaftlichkeitsberechnungen. Hamburg, disserta Verlag, 2015

Buch-ISBN: 978-3-95935-028-0
PDF-eBook-ISBN: 978-3-95935-029-7
Druck/Herstellung: disserta Verlag, Hamburg, 2015
Covermotiv: pixabay.com

Bibliografische Information der Deutschen Nationalbibliothek:
Die Deutsche Nationalbibliothek verzeichnet diese Publikation in der Deutschen Nationalbibliografie; detaillierte bibliografische Daten sind im Internet über http://dnb.d-nb.de abrufbar.

Inhaltsverzeichnis

Abbildungsverzeichnis

Tabellenverzeichnis

Abkürzungsverzeichnis

A.Ş.	Anonim Şirket (Türkische Rechtsform der AG in der Türkei)
ADI	ausländische Direktinvestitionen; auch Abkürzung für das „Gesetz für ausländische Direktinvestitionen"
AKP	Adalet ve Kalkınma Partisi (Partei für Gerechtigkeit und Aufschwung)
AKW	Atomkraftwerk
AM	Air-Mass-Index (definiert Abhängigkeit der Solarstrahlung von der Weglänge des Lichts durch die Atmosphäre – STC = 1,5 AM)
BOT	Build Operate Transfer
CIGS	Kupfer-Indium-Gallium-Dilensenid
CSP-Kraftwerk	Concentrated Solar Power (Solarwärme)-Kraftwerk
dena	Deutsche Energie-Agentur
EE	Erneuerbare Energien
EEG	Erneuerbare Energien Gesetz
EIE	Elektrik İşleri Etüt İdaresi (Generaldirektion für Stromversorgungsprüfung und -verwaltung
EMO	Elektrik Mühendisleri Odası (Ingenieursverband für Elektrotechnik)
EPC	Engineering-Procurement-Construction
EPDK (auch	Enerji Piyasası Düzenleme Kurumu (Regulierungsbehörde für den

EMRA genannt)	Energiemarkt)
ETKB	Enerji ve Tabii Kaynaklar Bakanlığı (Ministerium für Energie und natürliche Ressourcen)
EVU	Energieversorgungsunternehmen
F & E	Forschung und Entwicklung
GAP	Güneydoğu Anadolu Projesi (Südostanatolien-Projekt)
GENSED	Güneş Enerjisi Sanayicileri ve Endüstri Derneği (türkischer Verband der Solarenergieindustrie)
GmbH	Gesellschaft mit beschränkter Haftung
GTAI	Germany Trade and Invest
GW	Gigawatt
GWh	Gigawattstunde
GWp	Gigawatt peak
i. d. R.	in der Regel
IEA	Internationale Energieagentur
IHK	Industrie- und Handelskammer
KfW	Kreditanstalt für Wiederaufbau
kWh	Kilowattstunde
kW_p	Kilowatt peak
m/s	Meter pro Sekunde

max.	maximal
Mio.	Million(en)
Mrd.	Milliarde(n)
MTOE	Million tons of oil equivalent (Megatonne Öleinheiten)
MW	Megawatt
n-dotiert	negativ dotiert
p-dotiert	positiv dotiert
p. a.	per annum
PEV	Primärenergieverbrauch
PIGM	Petrol Isleri Genel Müdürlügü (Generaldirektorat für Erdöl)
PR	Performance Ratio (beschreibt das Verhältnis zwischen dem tatsächlichen Nutzertrag und dem Sollertrag einer Anlage)
PV	Photovoltaik
Tab.	Tabelle
STC	„Standard Test Conditions" Laborbedingungen (25 °C Außentemperatur, 1,5 AM und 1000Watt /m^2)
TBMM	Türkiye Büyük Millet Meclisi („Große Nationalversammlung der Türkei" – Türkisches Parlament)
TEDAŞ	Türkiye Elektrik Dağıtım Anonim Şirket (staatliche Stromnetzgesellschaft der Türkei)

TEIAŞ	Türkiye Elektrik İletim Anonim Şirket (staatliche Stromverteilungs- und Vertriebsgesellschaft der Türkei)
TEÜAŞ	Türk Elektrik Üretim A.Ş. (staatliche Stromerzeugungsgesellschaft)
TKI	Türkiye Kömür Isletmeleri Kurumu (eine der beiden staatlichen Bergbauorganisationen)
TL	Türkische Lira
TPAO	Türkiye Petrolleri Anonim Ortaklığı (ein türkisches Mineralölunternehmen)
TTK	Türkiye Taskömürü Kurumu (eine der beiden staatlichen Bergbauorganisationen)
TÜIK	Türk Istatistik kurumu (türkisches Statistikamt)
TWh	Terawattstunde
Vgl.	Vergleich
YEGM	Yenilenebilir Enerji Genel Müdürlüğü (Generaldirektorat für erneuerbare Energien)

1 Einführung

1.1 Ausgangssituation

„Ich würde mein Geld auf die Sonne und die Solartechnik setzen. Was für eine Energie-quelle! Ich hoffe, wir müssen nicht erst die Erschöpfung von Erdöl und Kohle abwarten, bevor wir das angehen." [1]

Thomas Edison, 1847 – 1931

In den letzten Jahren hat sich das weltweite Bewusstsein in Bezug auf den globalen Energieverbrauch und den Umweltschutz grundlegend verändert. Es ist unverkennbar, dass fossile Energieträger in naher Zukunft immer knapper und dementsprechend teurer werden. Die Folgen eines kontinuierlich größer werdenden Energieverbrauchs sowie die Konsequenzen der „Verfeuerung" fossiler Energievorkommen lassen sich kaum noch verbergen. Weltweit wird bis zum Jahr 2100 eine Erwärmung um bis zu 6,4 Grad Celsius im Vergleich zum vorindustriellen Zeitalter vorhergesagt.[2] Das Schmelzen größerer Gletschermassen, der Anstieg des Meerwasserspiegeldemirs, häufiger und heftiger auftretende Naturkatastrophen stellen nur einige dieser Auswirkungen eines globalen Klimawandels dar.

Eine Lösung für diese Probleme kann und muss der Umstieg auf erneuerbare Energieträger bilden. Erneuerbare Energiequellen sind nach menschlichen Maßstäben unerschöpflich und umweltfreundlich. Zudem werden keine schädlichen Abgase wie CO_2 emittiert.

Zu den erneuerbaren Energien gehören die Solarenergie, Wasserkraft, Windkraft, Geothermie und Biomasse. Weltweit werden aktuell die verschiedenen Anlagentypen der Wind- und Wasserkraft am stärksten genutzt. Die Solarenergie dagegen wird verhältnismäßig wenig verwertet, obwohl die Sonne die unerschöpfliche Energiequelle überhaupt ist! Sie stellt den Ausgangspunkt für alle chemischen und biologischen Abläufe auf dem Planeten dar. Sie ist umweltfreundlich, vielseitig nutzbar und überall verfügbar.

---

[1] http://www.die-klimaschutz-baustelle.de/klimawandelzitate_energie.html, (05.03.13).
[2] Vgl. Achilles (2011), S. 55 ff.

Der weltweite Energieverbrauch beträgt aktuell ca. 100.000 TWh. Die Sonnenenergie eines Jahres wird ungefähr auf 1.500.000.000 TWh geschätzt. Mit diesem „gewaltigen" Energiepotenzial der Sonne stellt sich wohl kaum die Frage, ob Solar-Anlagen ausreichend Strom liefern könnten. Im Gegensatz zu den immer knapper werdenden fossil-atomaren Energien kann die Sonne dies zweifellos, „ohne Umweltbelastung!" und „unendlich lang!".[3]

Gegenwärtig wird die Solarenergie vor allem mit Hilfe der Solarthermie und der Photovoltaik in Nutzenergie (z. B. elektrische Energie) umgewandelt. Der sogenannte „Photovoltaische Effekt" ergibt hierbei die physikalische Grundlage für die Umwandlung der Sonnenstrahlung in elektrische Energie. Sogenannte Solarzellen bzw. Solarmodule innerhalb einer „Photovoltaik-Anlage"[4] sorgen für den Prozess der Energieumwandlung. Derzeitig auf dem Markt befindliche (kristalline und Dünnschicht-) Solarzellen weisen einen Wirkungsgrad von 6 – 17 % auf. Es existieren sogar Solarmodule, die einen Wirkungsgrad von bis zu 24 % erreichen können (unter Laborbedingungen).[5] Allerdings befinden sich diese Solarzellen noch im Stadium der Forschung und Entwicklung, sie sind daher kostenintensiv und folglich noch nicht marktreif.[6]

PV-Anlagen, netzgekoppelten oder autarken Typs, eignen sich für die nachhaltige Stromversorgung. Zu bemängeln ist allerdings der relativ hohe Energieverbrauch während der Solarzellenfertigung, da dieser den Umweltschutzgedanken torpediert.

Die solarthermischen Anlagen sind vor allem in den Ländern im Einsatz, wo die Sonnenstrahlungswerte überdurchschnittlich hoch ausfallen (in Europa sind dies v. a. die Mittelmeer-Anrainerstaaten wie Spanien, Italien, Türkei und Griechenland). Hier wird die Sonnenenergie in erster Linie zur Wärmeaufbereitung (Warmwasser), aber auch zur Stromgewinnung (konzentrierte Solarthermie, CSP) verwendet. Der Zweck von Kleinsolarthermieanlagen liegt in der direkten Wärmenutzung vor Ort. Bei der konzentrierten Solarthermie (CSP) wird in größeren Anlagen oder Kraftwerken aus der gewonnenen Wärme Strom erzeugt. Die Stromgestehungskosten liegen hierbei deutlich niedriger als bei PV-Anlagen.[7] Die Wirkungsgrade variieren hierbei zwischen 10 – 30 %.[8]

---

[3] Vgl. Achilles (2011), S. 53 ff.
[4] Hinweis: Der Begriff der Photovoltaik-Anlage wird nachfolgend als PV-Anlage abgekürzt.
[5] Vgl. Geitmann (2010), S. 75 f. (Hinweis zu Laborbedingungen: 25 °C Zellentemperatur, Air-Mass-Index = 1,5).
[6] Vgl. Konrad (2007), S. 87.
[7] In dieser Ausarbeitung wird der Fokus auf die Stromerzeugung aus PV-Anlagen gesetzt.
[8] http://www.regenerative-zukunft.de/erneuerbare-energien-menu/kleinsolarthermieanlagen, (25.12.12.).

1.2 Zielstellung

In Deutschland wird die Nutzung erneuerbarer Energien mit gezielten Programmen durch den Bund, Länder und EU-Fonds unterstützt. Die Einspeisungsvergütungen waren bis zu einem gewissen Zeitraum sehr attraktiv und Unternehmen sowie Privatleute investierten. Erneuerbare Energien üben sowohl einen positiven Einfluss auf die Umwelt, als auch auf die Wirtschaft aus. Durch ihre Förderung wurden Arbeitsplätze geschaffen, so wie bspw. in der Konstruktion, Produktion, Montage und im Vertrieb von Solaranlagen.[9] Parallel zu den immensen technologischen Fortschritten und den daraus resultierenden sinkenden Kosten für Solarzellen in der „Solar-Branche" stieg das Umweltbewusstsein bei den deutschen Verbrauchern weiter an. In der Gesellschaft wurde dies weiterhin gestärkt durch eine permanente Verbreitung der enormen Relevanz der erneuerbaren Energien. So gehört heutzutage die Bundesregierung Deutschland mit einer installierten Nennleistung in Höhe von 30.031 Megawatt weltweit zu den „Spitzenreitern" bezüglich der Energiegewinnung mit Hilfe der Photovoltaik.[10]

Wenn die durchschnittlichen jährlichen Sonneneinstrahlungswerte in Europa näher begutachtet werden, fällt allerdings auf, dass diese europaweit bei den Anrainerstaaten des Mittelmeers am höchsten liegen. Jedoch ist auch zu bemerken, dass viele dieser Länder mit viel höheren Strahlungswerten als Deutschland gegenwärtig geringere bis kaum nennenswerte Anteile an der Stromerzeugung durch Photovoltaik vorweisen können. Zu diesen Staaten gehört auch die Türkei.

Es stellt sich in dieser Ausarbeitung die Frage, warum gerade in der Türkei, welche geographisch mit überdurchschnittlichen Globalstrahlungswerten[11] bevorteilt ist, kaum Stromerzeugungsanteile aus Photovoltaik-Anlagen vorgewiesen werden können. Wo sind die Gründe hierfür zu finden? Wie sieht der aktuelle Energiehaushalt der Türkei aus? Welche Rahmenbedingungen für den Betrieb von PV-Anlagen sind vorzufinden? Existieren Subventionsmaßnahmen durch gesetzliche Rahmenbedingungen ähnlich wie in Deutschland (EEG)?[12]

---

[9] Vgl. Forschungsverbund Erneuerbare Energien (2010), S. 8 ff., vgl. auch
http://www.fvee.de/fileadmin/politik/10.06.vision_fuer_nachhaltiges_energiekonzept.pdf, (03.02.13).

[10] Vgl. http://www.photovoltaik.eu/nachrichten/details/beitrag/mehr-als-30-gigawatt-photovoltaik-in-deutschland_100009120/, (03.02.13).

[11] Durchschnittliche Strahlungsintensität in Höhe von 1.311 kWh/m², online unter www.Günessistemleri.com, (20.03.2013).

[12] EEG: Erneuerbare Energien Gesetz

Diese Ausarbeitung verfolgt primär das Ziel, auf diese Fragen Antworten zu finden. Vor allem soll ein umfassender Überblick über das Potenzial der Türkei im Hinblick auf die Energieproduktion mit Hilfe erneuerbarer Energien, insbesondere durch Photovoltaik-Anlagen, gegeben werden.

Der Autor wird hierfür die theoretischen Grundlagen zum Thema „PV-Anlagen" erläutern, den Energiehaushalt der Türkei in Bezug auf Angebot und Nachfrage aller Energieträgerarten analysieren sowie den Energiemarkt der Türkei mit Fokus auf energiepolitische Rahmenbedingungen für den Betrieb von PV-Anlagen durchleuchten. Ferner soll anhand einer Wirtschaftlichkeitsbetrachtung an einem Beispielprojekt an einem türkischen Standort aufgezeigt werden, inwiefern sich eine Investition in eine PV-Anlage für Investoren lohnt, welche Kosten auf diesen zukommen und was dieser an Erträgen erwarten kann. Die Struktur der gesamten Untersuchung wird im Folgenden näher dargestellt.

1.3 Vorgehensweise

Das ausgewählte Thema der vorliegenden Thesis beginnt mit einer Darstellung der allgemeinen theoretischen Grundlagen über die Photovoltaik. Hier wird zunächst kurz auf die Geschichte der Photovoltaik, das Potenzial der globalen Sonnenstrahlung und das physikalische Grundprinzip einer Solarzelle, also die Umwandlung der Sonnen-strahlen in elektrische Energie, den sogenannten „Photovoltaischen Effekt" eingegan-gen. Danach folgen Informationen über die Unterschiede grundlegender PV-Anlagetypen. Vor allem werden die unterschiedlichen Solarzelltypen und weitere wichtige Komponenten einer PV-Anlage näher beschrieben.

Fortgeführt wird die Ausarbeitung im nächsten Kapitel durch die Darstellung und Analyse des Energiemarktes der Türkei. Hierzu werden zunächst allgemeine Informati-onen über das Land und die aktuelle Wirtschaftslage dargestellt. Im Anschluss daran finden sich grundlegende Informationen zum Energiehaushalt der Türkei. Insbesondere soll beschrieben werden, wie sich gegenwärtig, Angebot und Nachfrage in Bezug auf alle Energieträgerarten zusammensetzen und welche Energieträger bedeutend sind. Ebenso wird ein Überblick über die Energiepolitik des Landes gegeben. An diesem

Punkt werden aktuelle Entwicklungen in der Energiebranche in der Türkei, wie zum Beispiel die Liberalisierungsbestrebungen der Energieversorgung, erläutert.

Im Kapitel 4 wird näher auf den Status des türkischen Energiemarktes im Hinblick auf die erneuerbaren Energien eingegangen. Die Voraussetzungen für den Einsatz erneuerbarer Energien für die Stromproduktion, insbesondere der Photovoltaik in der Türkei, werden verdeutlicht. Der eventuelle geographische Standortvorteil in Bezug auf Solarenergie soll analysiert und unterstrichen werden. Wichtige Gesetzgebungen und Lizenzierungsrichtlinien des Staates sowie wissenswerte Informationen für Investoren, die an der Nutzung der erneuerbaren Energien zur Energieerzeugung interessiert sind, werden dargestellt. Vor allem die Abnahmevergütungstarife und die Gesetzgebungen zur Förderung der Energieerzeugung aus erneuerbaren Energien werden näher untersucht.

Im Kapitel 5 schließen sich Überlegungen zur Investition in eine PV-Anlage in der Türkei an. Hierzu werden zunächst grundlegende Investitionsbewertungsverfahren erläutert und im Anschluss ein (fiktives) Beispielprojekt an einem türkischen Standort vorgestellt.

Bei diesen Beispielrechnungen werden PV-Anlagen mit unterschiedlichen Solarmodulen (kristallin und Dünnschicht) ausgewählt und hinsichtlich verschiedener Betriebszwecke projektiert sowie auf ihre Wirtschaftlichkeit hin berechnet. Insbesondere werden die Kosten für den Betrieb der Anlagen mit den Erträgen verglichen. Auf dieser Grundlage wird dargelegt und geprüft, welche Variante für eine Investition in die engere Auswahl kommt und inwiefern sich eine Investition lohnt.

Im letzten Kapitel der Ausarbeitung werden im Rahmen einer abschließenden Beurteilung des Potenzials, Chancen und Risiken einer Photovoltaik-Investition in der Republik Türkei bewertet. Da eine Investitionsentscheidung im Hinblick auf einen nachhaltigen Umweltschutz im Bereich der alternativen Energien nicht ausschließlich von monetären Faktoren abhängen sollte, werden abschließend auch die nichtmonetären Aspekte der Photovoltaik in der Türkei benannt.[13]

---

[13] Hinweis: In der vorliegenden Untersuchung wird auf die aktuelle Gesetzgebung in der Türkei, insbesondere auf die aktuell geltende gesetzliche Förderung von Solaranlagen, Bezug genommen. Neuere türkische Gesetzgebungen oder Änderungen an den aktuellen Bedingungen für das Investieren in PV-Anlagen können bei den Berechnungen und der Ausarbeitung in der vorliegenden Untersuchung daher leider nicht mehr berücksichtigt werden.

2 Photovoltaik

2.1 Historie der Photovoltaik

Das Wort „Photovoltaik" bildet eine Zusammensetzung aus dem griechischen Wort für Licht und dem Namen des Physikers Alessandro Volta. Es bezeichnet die direkte Umwandlung von Sonnenlicht in elektrische Energie mittels Solarzellen. Sie gilt als eine der Schlüsseltechnologien des 21. Jahrhunderts, mit der nachhaltig elektrische Energie erzeugt werden kann.

Der Umwandlungsvorgang beruht physikalisch auf dem sogenannten „Photovoltaischen Effekt", worunter kurz gefasst die Freisetzung von positiven und negativen Ladungsträgern in einem Festkörper durch Lichteinstrahlung verstanden wird. [14] Die Entdeckung der Photovoltaik als Energieform begann im Jahre 1839, als der französische Physiker Alexandre Edmond Becquerel bestimmte Substanzen mit Licht bestrahlte und zufällig herausfand, dass hierbei elektrische Energie floss. Dieses Phänomen konnte er zu dem Zeitpunkt jedoch noch nicht deuten.[15] Erstmalig wurde dieser Effekt im Jahr 1883 eingesetzt. Die erste Solarzelle, hergestellt aus dem Halbleiterwerkstoff Selen, schaffte es mit einem Wirkungsgrad von 1 %, die eingestrahlte Sonnenenergie in elektrischen Strom umzuwandeln. [16]

Erst 66 Jahre nach der Fertigung der ersten Solarzelle fand im Jahre 1905 Albert Einstein eine wissenschaftliche Erklärung für den „Photovoltaischen Effekt". Für seine „Relativitätstheorie", die auch das Wirkungsprinzip der Photovoltaik enthält, erhielt er 1921 den Nobelpreis in Physik. Es dauerte wieder einige Zeit, bis der Halbleiter Silizium für die Photovoltaik interessant wurde. Erst 1953 gelang es Wissenschaftlern aus dem Konzern Siemens, den ersten winzigen hochreinen Siliziumkristall herzustellen. Das verbindungsfreudige Silizium besaß die für Halbleiter notwendige Reinheit und konnte erstmals isoliert werden. Zum ersten Mal in der Geschichte der Energieerzeugung war es gelungen, Silizium zu verwenden, um umweltfreundlich Elektrizität zu generieren, denn zur Erzeugung dieses Halbleiters wird der weltweit massenhaft

---

[14] Vgl. http://www.solarserver.de/wissen/basiswissen/photovoltaik.html, (10.03.13).
[15] Vgl. Quaschning (2011), S. 164 ff.
[16] Vgl. Staab (2011), S. 33 f.

vorhandene Rohstoff „Sand" genutzt. Seitdem stellt Silizium das hauptsächliche Material der PV-Branche dar.[17]

Den ersten praktischen Einsatz zur autarken Stromversorgung erfuhren Solarzellen auf dem amerikanischen Satelliten „Vanguard I" 1958. Die darauffolgenden Jahre können in der technischen Entwicklung der Solarenergietechnologie vernachlässigt werden. Erst durch die „Ölkrise 1973" wurde aufgrund von Energieengpässen die internationale Gemeinschaft wieder aufmerksam auf alternative Energietechnologien. Das erste große „Solarkraftwerk" in Kalifornien/USA. ging 1982 ans Netz und wandelte mit einer Nennleistung von einem Megawatt Leistung Solarenergie in elektrischen Strom um.

Politisch bemerkbar machte sich die Energieversorgung aus erneuerbaren Energien in Deutschland erst Anfang 1990 mit dem sogenannten „Stromeinspeisegesetz" (StrEG).[18] Dieses erlaubte jedem, Strom aus erneuerbaren Energiequellen in das öffentliche Stromnetz einzuspeisen. Mit dem „1000-Dächer-Programm" der Bundesländer und des Bundesforschungsministeriums konnte sich somit die „Idee der netzgekoppelten Solarstromanlagen" endgültig durchsetzen. Um auch die Markteinführung der anderen regenerativen Energiequellen anzutreiben, beschloss der Deutsche Bundestag im Jahr 2000 das Erneuerbare-Energien-Gesetz (EEG),[19] welches das Stromeinspeisegesetz ablöste.

Von nun an erhielten PV-Anlagen eine deutlich höhere Einspeisevergütung von bis zu 99 Pfennigen/kWh über eine Betriebslaufzeit von 20 Jahren. Die älteren „Pionieranlagen" bekamen denselben Vergütungssatz, um deren Weiterbetrieb zu sichern. Zudem erhielt das EEG-Prinzip auch in anderen Ländern Zuspruch und wurde weltweit übernommen, indem dieses Einspeisekonzept in gleicher oder ähnlicher Weise Anwendung fand. Im Jahr 2004 wurde eine Gesetzesnovelle des EEG beschlossen, welche nochmals diese Energiepolitik förderte.[20]

---

[17] Vgl. A. Aulich (2007), S. 2 ff.

[18] Vgl. http://www.cleanenergy-project.de/politik/item/3252-am-anfang-war-das-stromeinspeisegesetz, (20.01.2013).

[19] Quelle: MHH Solartechnik Tübingen GmbH (2008), S. 13, Hinweis: Am 25.2.2000 wurde die Novellierung des Erneuerbare-Energien-Gesetz (EEG) beschlossen und am 01.04.2000 in Kraft gesetzt. Dieses Gesetz für den Vorrang erneuerbarer Energien regelt die Abnahme und die Vergütung von Strom aus erneuerbaren Energieträgern. Die Netzbetreiber oder Energieversorgungsunternehmen (EVU) sind verpflichtet, diesen Strom abzunehmen und zu vergüten. In der Novellierung vom 21.07.2004 wurden die Vergütungssätze neu festgelegt und einige Änderungen vorgenommen. Die Energieversorgungsunternehmen/Netzbetreiber müssen den jeweils gültigen Vergütungssatz vom Zeitpunkt der Inbetriebnahme an jeweils für die Dauer von 20 Jahren zzgl. des Inbetriebnahmejahres bezahlen. Jedes Jahr sinkt die Einspeisevergütung der neu in Betrieb genommenen Anlagen um 5 %, bei Freilandanlagen um 6,5 %.

[20] Vgl. Seltmann, 2005, S. 18 ff.

2.2 Das Potenzial der Globalstrahlung

Die Sonne strahlt mit einer Intensität von 1.367 W/m^2 auf den äußeren Rand der Erdatmosphäre ein. Dies wird als die „Solarkonstante" bezeichnet. Ein Teil dieser Energie wird an den oberen Atmosphärenschichten reflektiert, absorbiert und geht so für die Nutzung auf der Erde verloren. Ein weiterer Teil erreicht die Erde direkt, ein anderer Teil wird an Wolken, Staub und Wassertröpfchen gestreut und erreicht die Erde als diffuse Strahlung. Die auf die Erde eintreffende Sonneneinstrahlung besteht damit – je etwa zur Hälfte – aus zwei Komponenten:[21]

- der direkten Strahlung („direct radiation" or "beam radiation")
- der diffusen Strahlung („diffuse radiation")

Beide Strahlungen zusammen heißen Globalstrahlung (*„global radiation"*). Die maximale Sonnenstrahlung an der Erdoberfläche beträgt ca. 1.000 W/m^2. Diese ist abhängig von dem Breitengrad, der Tageszeit und den Wetterverhältnissen.[22]

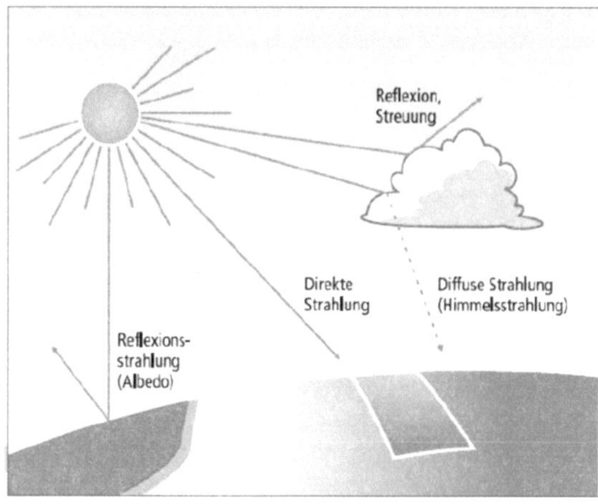

Abb. 1: Direkte und diffuse Sonnenstrahlung [23]

In der bundesdeutschen Region besteht weiterhin eine saisonale Abhängigkeit. Im Jahresdurchschnitt beträgt z. B. die Sonneneinstrahlung im Süden Deutschlands ca.

---

[21] Vgl. Konstantin, Energieumwandlung, -transport und -beschaffung im liberalisierten Markt, (2007), S. 249 ff.
[22] Vgl. Konrad (2007), S. 5 ff.
[23] Quelle: Solarkauf (2012) „Funktionsweise einer PV-Anlage" Präsentation von Karl-Ulrich Kalex, Folie 12 (05.09.2012).

1000 kWh/(m²a) [siehe Abb. Globalstrahlung BRD] und in der Saharawüste zum Vergleich ca. 2.500 kWh/(m²a) [siehe Abb. Globalstrahlung weltweit]. [24]

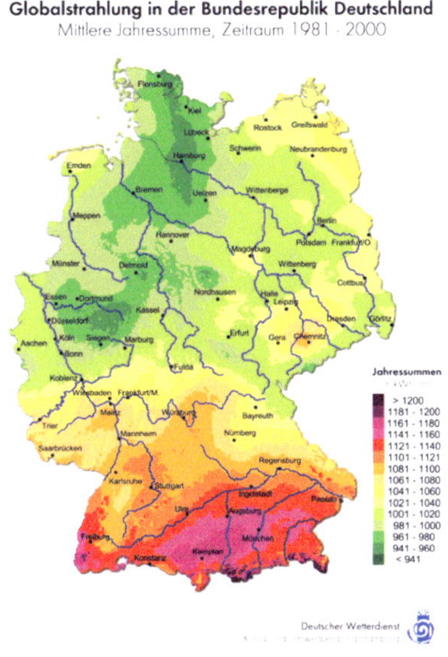

Abb. 2: Globalstrahlung BRD[25]

Die gesamte von der Sonne eingestrahlte Energiemenge entspricht etwa dem 10.000-Fachen jährlichen Primärenergiebedarf der Welt. Die Sonnenenergie kann nach dem heutigen technischen Stand auf folgende Weise genutzt werden: [26]

- zur Wärmebereitstellung für Heizzwecke und Brauchwarmwasser
- zur Umwandlung in elektrische Energie in solarthermischen Kraftwerken
- zur Umwandlung in elektrische Energie durch Photovoltaik-Anlagen

In dieser Ausarbeitung wird die zuletzt genannte Nutzungsmöglichkeit vertieft, wobei im Folgenden die Solarzelle als Grundstein für den Betrieb beider PV-Anlagentypen verdeutlicht wird.

---

[24] Vgl. Transferstelle Bingen (o. V.) (2006), S. 153 ff.
[25] Quelle: http://www.esk-ganderkesee.de/8.html (20.01.2013).
[26] Vgl. Quaschning (2011), S. 36 ff.

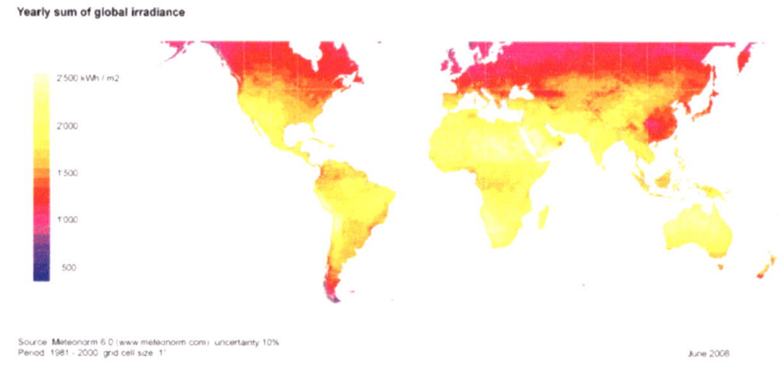

Abb. 3: Globalstrahlung weltweit [27]

2.3 Die Solarzelle – der Grundbaustein einer PV-Anlage

Die Solarzelle bildet das „Herzstück" jeder PV-Anlage. Sie erzeugt auf direktem Weg elektrische Energie aus dem auftreffenden Sonnenlicht.

Nach Art der Kristallform lassen sich hauptsächlich drei Grundarten von Silizium-Solarzellen unterscheiden. Diese wären monokristalline, polykristalline (mehrkristalline) und amorphe (Dünnschicht-) Silizium-Solarzellen (siehe Abb. Solarzelltypen (amorph, mono- und polykristallin)). [28] Die Abweichungen liegen vor allem in den unterschiedlichen Wirkungsgraden.

Der Wirkungsgrad gibt an, wie viel der eingestrahlten Lichtmenge P_{Licht} in nutzbare elektrische Energie P_{el} umgewandelt wird.

$$\eta = \frac{P_{elektrisch}}{P_{Licht}}$$

Ein hoher Wirkungsgrad ist erstrebenswert, weil er bei gleichen Lichtverhältnissen und gleicher Fläche zu einer größeren Ausbeute an elektrischem Strom führt.

---

[27] Quelle: http://www.renewable-energy-concepts.com/german/sonnenenergie/sonnenkarten.html, (20.01.2013).
[28] Vgl. Geitmann (2010), S. 75 ff.

Eine Einstrahlung von 1000 Watt pro m^2 bedeutet bei 10 % Wirkungsgrad beispielsweise eine elektrische Leistung (P_{el}) von 100 Watt, was ungefähr der Leuchtkraft einer handelsüblichen Glühbirne entspricht. [29] Die Wirkungsgrade von Solarzellen sind nicht gleichzusetzen mit denen der Solarmodule, weil die Solarzellen durch das Schutzglas und die Verrahmung nicht direkt der Sonnenstrahlung ausgesetzt sind.

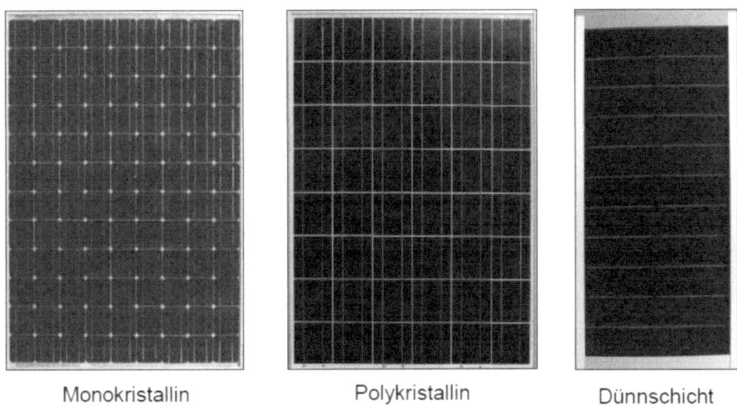

Abb. 4: Solarzelltypen (amorph, mono- und polykristallin) [30]

2.3.1 Zellentypen im Überblick

Monokristalline Solarzellen

Monokristalline Silizium-Solarzellen weisen einen relativ hohen Wirkungsgrad von 14 % bis zu 20 % auf, ihre Herstellung ist jedoch sehr arbeits- und energieaufwendig, so dass die energetische Amortisationsdauer bei etwa drei Jahren liegt. Der Preis dieser Solarzellen liegt mitunter am höchsten. [31] Die Zellen der monokristallinen Module werden bei der Herstellung aus einem Einkristall-Stab gesägt. Die Zellen bzw. Module weisen durch die gleiche, homogene Ausrichtung der Kristallstruktur einen hohen Wirkungsgrad im Vergleich zu anderen Typen auf. Je höher der Wirkungsgrad eines Moduls, desto mehr Leistung kann auf einer zur Verfügung stehenden Fläche montiert werden. Bei monokristallinen Solarzellen liegt der erreichte Laborwert bei fast über

---

[29] Vgl. PV-Technologie, Solarzellenarten im Überblick,(o. J) (o. V.), S. 192 f. online unter. http://tuprints.ulb.tu-darmstadt.de/290/8/Anhang_AII.pdf, (20.03.2013).
[30] Quelle: Firma Solarkauf Karl-Ulrich Kalex Informationspräsentation „Funktionsweise einer PV-Anlage" (05.09.2012).
[31] Vgl. http://www.solaranlagen-portal.com/solarmodule/systeme/vergleich, (09.03.2013).

24 %. Diese hohen Werte können in der Massenfertigung jedoch nicht erreicht werden, da in der Produktion auf geringe Prozesszeiten und niedrige Kosten optimiert wird. [32]

Polykristalline Solarzellen

Der Wirkungsgrad poly- oder auch multikristalliner Module ist geringer als der von monokristallinen Modulen und beträgt 12 % bis ca. 16 %.

Polykristalline Zellen werden bei der Produktion in Blöcke vergossen und anschließend in Scheiben gesägt. Die Kristallstruktur ist durch die unregelmäßige Anordnung mehrerer Kristalle inhomogen und durch die Musterung gut erkennbar (siehe Abb. Solarzelltypen (amorph, mono- und polykristallin)). Durch einen vergleichsweise geringeren Fertigungsaufwand und daraus resultierende kostengünstigere Marktpreise zeigen polykristalline Module jedoch ein gutes Preis-Leistungs-Verhältnis. Bei diesen Solarzellen liegt der erreichte Wirkungsgrad im Labor bei ca.18 %. [33]

Dünnschicht-Solarzellen

Dünnschichtzellen sind um ein Vielfaches schmaler als kristalline Module. Sie werden durch Aufdampfen von Silizium auf eine Trägerschicht hergestellt (amorph = ohne Gestalt, ohne geordnete Struktur). Die Schichtdicke beträgt maximal 2 μm. Durch den erheblich reduzierten Einsatz von Silizium und den vergleichsweise einfachen Herstellungsprozess liegen die Herstellkosten im Vergleich zu allen anderen Solarzelltypen am niedrigsten, vor allem weil der aufwändige Prozess des Zerschneidens von Siliziumblöcken entfällt. Der Wirkungsgrad rein amorpher Solarzellen ist mit durchschnittlich 8 % jedoch deutlich geringer als bei mono- oder polykristallinen Modulen. [34] Amorphe Solarzellen werden derzeit vor allem bei Kleinstanwendungen (Taschenrechner, Uhren u. Ä.) genutzt. [35]

Andere Ausgangsmaterialien für Dünnschicht-Solarmodule sind zum Beispiel Gallium-Arsenid (GaAs), Cadmium-Tellurid (CdTe) oder Kupfer-Indium-Gallium-Diselenid (CIGS). Das Halbleitermaterial des CIGS-Moduls besteht aus Kupfer-Indium-Gallium-Diselenid. Der Wirkungsgrad erreicht 13 bis zu 15 %. [36] Unter Laborbedingungen

---

[32] Vgl. Konrad (2007), S. 12 f.
[33] Vgl. http://www.solaranlagen-portal.com/solarmodule/systeme/vergleich, (09.03.2013).
[34] Vgl. http://www.photovoltaik-web.de/module/solarmodule-modularten.html, (09.03.2013).
[35] Vgl. Rindelhardt (2001), S. 98 ff.
[36] Vgl. http://www.solaranlagen-portal.com/solarmodule/systeme/vergleich, (09.03.2013).

wurden bereits Wirkungsgrade von bis zu 20 % erzielt.[37] Jedoch besteht das Problem, dass CIGS-Solarzellen das seltene Element Indium und auch Selen enthalten. Die Ressourcen von Indium werden weltweit auf 16.000 Tonnen geschätzt, wirtschaftlich abbaubar sind davon etwa 11.000 Tonnen. Somit ist es weltweit so selten wie Silber oder Quecksilber. Daher wird versucht das Indium durch Gallium zu ersetzen, was jedoch auch zu den seltenen Elementen gehört, aber vergleichsweise in größeren Mengen vorhanden ist.[38]

In der Serienherstellung wird für Gallium-Arsenid-Solarzellen ein Wirkungsgrad von 20 % realisiert. Mit einer GaAs-Solarzelle wurde unter Laborbedingungen bereits ein Wirkungsgrad von 37 % erreicht.

Die höchsten Wirkungsgrade von über 30 % weisen jedoch sogenannte Tandem-Solarzellen auf, die aus zwei oder mehreren Schichten unterschiedlicher Halbleitermaterialien bestehen. Der höhere Wirkungsgrad von Tandem-Solarzellen lässt sich dadurch erklären, dass der photoelektrische Effekt für jedes Material unterschiedlich häufig in unterschiedlichen Bereichen des Lichtspektrums auftritt. Durch die Kombination verschiedener Materialien kann demnach ein größerer Teil des Spektrums der einfallenden Strahlung genutzt werden. So löst bspw. bei Cadmium-Sulfid das sichtbare Licht den Photo-Effekt aus, bei Silizium jedoch die infrarote Strahlung. Für CdTe-Zellen wurden unter Laborbedingungen hohe Wirkungsgrade von 16,4 % erreicht. [39] Weitere Steigerungen der Wirkungsgrade sind in nächster Zeit zu erwarten. Allerdings gibt es physikalische und auch ökonomische Grenzen. Die folgende Tabelle stellt alle gegenwärtig marktüblichen Solarzellen im Überblick dar.

---

[37] Vgl. Rindelhardt (2001), S. 101 ff.
[38] Vgl. http://www.regenerative-zukunft.de/erneuerbare-energien-menu/photovoltaik, (09.03.2013).
[39] Vgl. Kohlenbach (2012), S. 197 ff.

Solarzellentyp	Kristallin		Dünnschicht	
	Monokristallin	Polykristallin	Amorph	CIGS
Wirkungsgrad (marktüblich)	14 bis 17 %	12 bis 16 %	bis 8 %	13 bis 15 %
Nachteil(e)	teuer, energieintensive Herstellung	teuer, energieintensive Herstellung	geringer Wirkungsgrad	geringer Wirkungsgrad, „seltene" Rohstoffe
Langzeittest	Sehr hohe Leistung, stabil, hohe Lebensdauer	Hohe Leistung, stabil, hohe Lebensdauer	Mittlere Leistung, etwas geringere Lebensdauer, aber Potenzial	Geringere Leistung, im Vergleich: im Winter Leistung höher
Gewicht pro m^2	hoch		niedrig	
Störanfälligkeit	sehr gering		gering	
Benötigte PV-Fläche	7 – 10 m²/kWp	8 – 10 m²/kWp	13 – 20 m² /kWp	9 – 11 m²/kWp

Tab. 1: Kristalline und Dünnschicht-Solarzellen im Überblick[40]

Die jeweiligen Wirkungsgrade der verschiedenen Solartypen lassen sich mit folgender Aufstellung in Bezug auf eine einheitliche Globalstrahlung vereinfacht erklären.

Beträgt die Sonnenstrahlungsintensität **1000 Watt/m²**, so werden mit einer

- monokristallinen Solarzelle rund **140 – 170 Watt/m²**,
- polykristallinen Solarzelle rund **120 – 160 Watt/m²**,
- amorphen Solarzelle rund **80 Watt/m²** Leistung erreicht.

---

[40] Eigene Darstellung in Anlehnung an Staab (2011), S. 34; auch online an http://www.regenerative-zukunft.de/erneuerbare-energien-menu/photovoltaik, (12.02.13).

2.3.2 Funktionsweise einer Solarzelle

Die auf dem Markt erhältlichen Solarzellen bestehen üblicherweise zu 95 % aus dem Halbleitermaterial Silizium. Damit das zunächst elektrisch inaktive Silizium leitfähig wird, um innerhalb einer Solarzelle aus Solarenergie elektrische Energie umwandeln zu können, muss bei der Produktion von Solarzellen das Ausgangsmaterial Silizium gezielt mit anderen chemischen Elementen „verunreinigt" bzw. mit unterschiedlichen „fremden" Atomen durchsetzt („dotiert") werden.

Durch Dotierung mit Hilfe von „Donatoren" (Elementen mit fünf Valenzelektronen, z. B. Phosphor oder Arsen) entsteht hierbei n-dotiertes Silizium. Durch „Akzeptoren" (Elementen mit drei Valenzelektronen , z. B. Bor oder Gallium) ergibt sich p-dotiertes Silizium.[41] Werden zwei unterschiedlich dotierte Halbleiterschichten miteinander innerhalb einer Solarzelle verbunden, entsteht an der Grenzschicht ein sogenannter p-n-Übergang. Die „Donatoren" erhöhen demnach die Anzahl der freien Elektronen (Valenzelektronen) und „Akzeptoren" erzeugen sogenannte „Elektronenlöcher".

Fällt Licht auf die Solarzelle, nehmen die freien Elektronen die Energie der „Photonen" (Lichtteilchen) auf. Die Energie dieser Photonen reißt die Elektronen aus dem Atomkern, welche anschließend negativ geladen, frei „wandern" und positiv geladene Elektronenlöcher hinterlassen. Infolge der unterschiedlich dotierten Siliziumhälften existieren auch unterschiedliche Ladungen.[42] Daher bildet sich permanent ein elektrisches Feld, was die Elektronen bei ihrer „Wanderung" davon abhält, wieder in ihre ursprünglichen Löcher „zurückzufallen". Wird nun ein elektrischer Verbraucher an die Verbindung der Vorder- und Rückseite einer Solarzelle angeschlossen, wandern die freien, überschüssigen Elektronen vom Minus- zum Pluspol (siehe Abb. Schematischer Aufbau einer kristallinen Solarzelle). Diese „Wanderung" kann in einfachen Worten ausgedrückt auch als „elektrischer Strom" bezeichnet werden.

---

[41] Vgl. Geitmann (2010), S. 79 f.
[42] Vgl. Quaschning (2011), S. 167 ff.

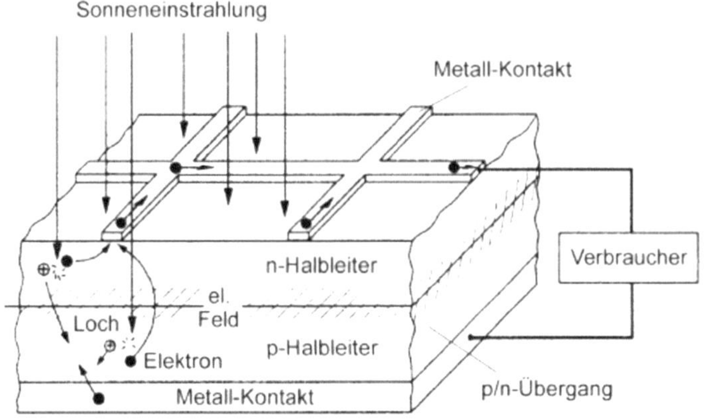

Abb. 5: Schematischer Aufbau einer kristallinen Solarzelle [43]

Des Weiteren entsteht eine dem inneren Feld entgegen gerichtete Spannung, die über äußere Kontakte abgegriffen wird. Die abgreifbare Gleichspannung ist abhängig vom Halbleitermaterial. Bei Silizium beträgt sie i. d. R. 0,5 V – 0,6 V. Dies führt bei kristallinnen (üblicherweise 10*10 cm großen) Siliziumzellen, bei einem Gleichstrom von 2,6 Ampere und einer Sonnenglobalstrahlung von 1000 W/m^2, zu einer elektrischen Leistung von 1,6 Watt. Da mit dieser geringen Leistung „wenig" angefangen werden kann, werden mehrere Zellen hintereinander (in Reihe) geschaltet, sodass sich die Gesamtspannung erhöht. So werden nach Ausführungen im Handbuch von Hanus Bo bis zu 36 Solarzellen in der Modulfertigung mit anderen Solarzellen zusammengelötet, um eine Spannung von ca. 18 V generieren zu können. Es entsteht ein sogenannter „String". Durch die Parallelschaltung mehrerer Strings lässt sich zusätzlich die Stromstärke erhöhen. Die fertige Anordnung einer solchen Reihen-Parallelschaltung wird schließlich in einem Solarmodul zusammengefasst.[44] In einer PV-Anlage mit einer Leistung von 1 kWp sind i. d. R. insgesamt ca. 670 Solarzellen verschaltet. [45]

---

[43] Quelle: Kohlenbach (2012), S. 196 f.
[44] Vgl. Hanus, Bo (2007), S. 12 ff.
[45] Vgl. Konrad (2007), S.11.

2.4 Photovoltaik-Anlagetypen

Der Zweck von Photovoltaik-Anlagen besteht darin, mithilfe von Sonnenstrahlen elektrische Energie zu generieren. Der so gewonnene Strom kann entweder in das Stromnetz eingespeist, direkt genutzt oder auch gespeichert werden. Letzteres ist beispielsweise möglich durch den Einsatz sogenannter Solarbatterien (auch bezeichnet als Solarakkus, häufig Bleiakkus). [46]

Zur Umwandlung der Sonnenenergie in elektrische Energie durch Photovoltaik-Anlagen liegen grundsätzlich zwei Anlagentypen vor.

Zum Einem gibt es netzgekoppelte Photovoltaik-Anlagen und zum anderen „autarke" Insellösungen. Die Unterschiede werden im Folgenden beschrieben.

2.4.1 Netzgekoppelte PV-Anlage

Die weltweit üblicherweise eingesetzten Anlagen sind netzgekoppelte Anlagen, wo die Betreiber Strom in das öffentliche Stromnetz einspeisen und für jede eingespeiste Kilowattstunde eine Einspeisevergütung erhalten.

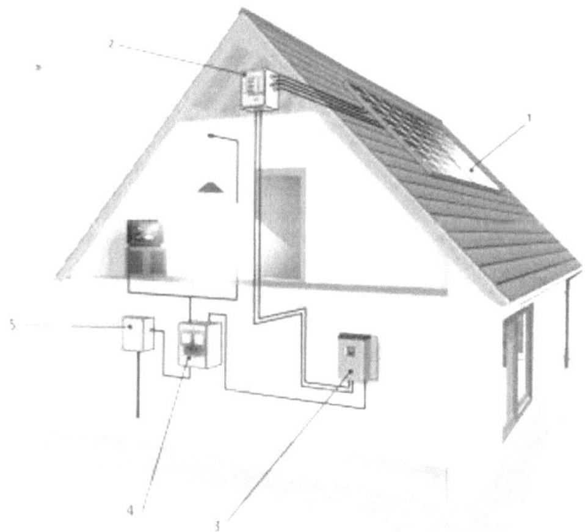

Abb. 6: Komponenten einer netzgekoppelten PV-Anlage[47]

---

[46] Vgl. Stempel (2007), S. 58 ff.

[47] Quelle: http://www.dgs.de/135.0.html, (12.01.2013). Hinweis: Komponenten nach der Bezifferung: 1-Solaranlage, 2-Generatoranschlusskasten, 3-Wechselrichter, 4-Einspeisezähler und 5- Hausanschluss.

Eine netzgekoppelte PV-Anlage besteht in der Regel aus: [48]

- Solaranlage (Gesamtheit aller Solarmodule auf dem Dach)
- Wechselrichter
- Generatoranschlusskasten für größere Anlagen (Lastentrennschalter „DC-Schalter")
- Einspeisezähler
- Verkabelung sowie Hausanschluss

Außerdem beinhaltet dieser den Regler und die Betriebsführung der gesamten Anlage. Es ist heutzutage auch möglich, die Anlage mit einem kundenfreundlichen Display und einem Datenlogger auszustatten. Das Display zeigt dann die Anlagendaten und der Datenlogger misst und speichert sie. Darüber hinaus lassen sich der Datenlogger und Wechselrichter mit modernen Kommunikationssystemen ausrüsten und kombinieren. So können bspw. Anlagendaten auf einer eigenen Homepage im Internet dargestellt werden. [49]

Der Generatoranschlusskasten verbindet die Solaranlage mit dem Rest des Systems. Der in das öffentliche Stromnetz eingespeiste Strom wird (in der Regel) nach dem „Erneuerbare-Energien-Gesetz" (EEG) vom Versorgungsnetzbetreiber vergütet. Die Abrechnung erfolgt über einen im Rahmen des PV-Systems installierten Einspeisezähler.

2.4.2 PV-Inselanlage

Mit einer PV-Inselanlage kann der Nutzer vollkommen unabhängig von einem Stromlieferanten Energie generieren. Diese Art von Anlage ist v. a. für autarke Nutzer konzipiert, wie z. B. Ferien- oder Schrebergartenhäuser oder Berghütten, oder auch für abgelegene Verbraucher geeignet.

Inselanlagen sind in der Installation etwas aufwändiger als die netzgekoppelten Anlagen, aber gerade bei dieser Art der autarken Stromgewinnung spart sich der Nutzer die hohen Anschlussgebühren, den Lärm, die Emissionen und das mühsame Nachtanken eines Stromgenerators. Insel-Systeme benötigen keinen wartungs- und kostenintensiven Wechselrichter zur Umwandlung in Netz-Wechselstrom (230 V/50 Hz), weil sie an kein

---

[48] Vgl. Seltmann (2005), S. 33.
[49] Vgl. MHH Solartechnik Tübingen GmbH (2008), S. 5 f.

Netz gekoppelt sind. Nachts oder an trüben Tagen kann mittels Akkumulatoren die gespeicherte Sonnenenergie verwendet werden. Der Laderegler hat die Aufgabe, den Akku aufzuladen und Tief- und Überladungen zu vermeiden. [50]

Eine Insel-Anlage besteht in der Regel aus: [51]

- Solaranlage (Gesamtheit aller Solarmodule auf dem Dach)
- Generatoranschlusskasten
- Laderegler
- Akku

2.5 Komponenten einer PV-Anlage

Die Systemleistung einer PV-Anlage ist nicht nur von der Qualität der einzelnen Anlagenkomponenten abhängig, sondern vielmehr ein Zusammenspiel mehrerer Faktoren. Die Leistung der Module, des Wechselrichters, die Kompatibilität beider Komponenten, die Anlagenausrichtung, die Hinterlüftung, die Reflexionen und weitere Parameter treten in Abhängigkeit zueinander.[52] Im Folgenden werden die wichtigsten Anlagenkomponenten beschrieben.

2.5.1 Solarmodul (Aufbau und Verschaltung)

Die allgemeine Leistungsfähigkeit von Solarmodulen hängt unter anderem von der Art des Moduls und auch von dessen Qualität ab. In der Regel steigt die Leistung von Solarmodulen mit deren Qualität. [53]

Folgend soll vereinfacht der Aufbau eines handelsüblichen Solarmoduls (hier vom Typ: „Glas in Folie") verdeutlicht werden.

---

[50] Vgl. Rindelhardt (2001), S. 128.
[51] Vgl. http://www.dgs.de/135.0.html, (12.01.2013).
[52] (Konrad, 2007), S. 85 ff.
[53] Vgl. Seltmann (2005), S. 66 ff.

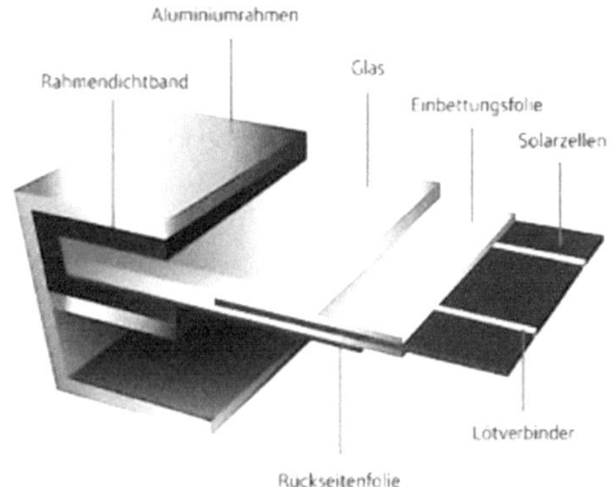

Abb. 7: Solarmodul Querschnitt Typ „Glas in Folie" [54]

Die erste obere Schicht – auf der Sonnenseite eines Solarmoduls – bildet eine Glasscheibe. Meist wird dafür ein sogenanntes Einscheiben-Sicherheits-Glas („ESG") verwendet. Die Front-Glasscheibe ist temperaturbeständig sowie schlag-, stoß- und druckfest. [55] Auf das ESG folgt eine transparente Kunststoffschicht aus Ethylenvinylacetat („EVA"), in der die Solarzellen eingebettet sind. Die wasserdichte Kunststofffolie ist mit den Solarzellen laminiert und schützt diese vor Korrosion. Die dritte Schicht bilden die eingebetteten Solarzellen. Die letzte Schicht, die Rückseite, bildet eine Kaschierung mit einer witterungsfesten Kunststoffverbundfolie, welche z. B. aus Polyvinylfluorid (Tedlar) und Polyester bestehen kann.

Für eine gute Handhabung bei dem Transport und der Montage der Module ist die gesamte Einheit in ein Aluminiumprofil gerahmt. Dieser Alu-Rahmen verleiht dem Modul zusätzliche Stabilität. Auf der Rückseite des Moduls befindet sich zudem eine Anschlussdose mit einer sogenannten „Bypassdiode" und einem Anschlussterminal.

---

[54] Quelle: Seltmann (2005), S. 66 ff.
[55] Vgl. Transferstelle Bingen (o. V.) (2006), S. 174 f.

Abb. 8: Solarmodul-Exemplar[56]

Die Leistung ist der Wert für das Arbeitsvermögen pro Zeiteinheit und wird üblicherweise in Wp (Watt Peak) oder kWp (Kilowatt Peak) angegeben. Die englische Bezeichnung "peak" bezieht sich hierbei auf die höchstmögliche Leistung, als „Spitzenleistung" oder auch "Nennleistung" bezeichnet.[57] Im Datenblatt von Solarmodulen ist diese Leistung oft angegeben. Diese ist allerdings nur unter Standardbedingungen im Labor zu erreichen (25 °C Temperatur und optimale Sonneneinstrahlung von 1000 W/m^2 und 1,5 Air-Mass-Wert).

Der Air-Mass-Wert (AM) gibt hierbei an, wie viel Luftmasse vom Sonnenlicht durchdrungen werden muss. Am Äquator ist dieser AM-Wert = 1, weil die Sonne dort senkrecht zur Erdoberfläche steht. Bei schräger Einstrahlung muss das Licht einen längeren Weg durch die Erdatmosphäre zurücklegen. Der Quotient aus dem längeren dividiert durch den kürzesten Weg ergibt den AM-Wert. Die spektrale Zusammensetzung des Lichts ändert sich bei der Durchdringung der Erdatmosphäre. Daher sollte auch dieser Wert beachtet werden. Der tatsächliche Energieertrag hängt zudem von der tatsächlichen Strahlungsintensität, der geographischen Lage und den Aufstellbedingungen der Solaranlage ab.[58]

Reihen- und Parallelschaltung

---

[56] Quelle: http://www.trosifol.com/de/presse/presse/news-einzelansicht/, (20.03.2013).
[57] Vgl. http://www.solaranlagen-portal.com/photovoltaik/leistung, (20.03.2013).
[58] Vgl. Geitmann (2010), S. 81 f.

Bei der Reihenverschaltung von Solarmodulen zu sogenannten Strängen sollte beachtet werden, dass bei unterschiedlichen Nennleistungen der Module das „schwächste" Modul die Gesamtleistung der ganzen Reihe bestimmt. Dies wird als „Gartenschlaucheffekt" bezeichnet.[59]

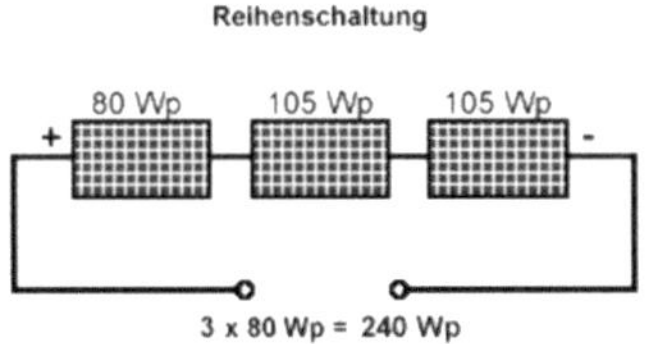

Abb. 9: Reihenschaltung von PV-Modulen [60]

Ein Zusammenschalten möglichst gleich leistungsstarker Module ist deshalb von erhöhter Wichtigkeit. Üblicherweise stellen Unternehmen, die Solaranlagen vertreiben, die Anlage durch ein sogenanntes „Matching" entsprechend zusammen und sorgen somit für eine optimale Energieausbeute.[61]

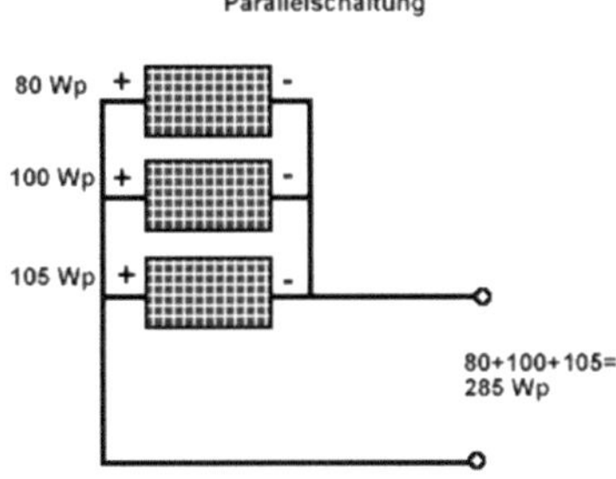

Abb. 10: Parallelschaltung von PV-Modulen [62]

Bei größeren Anlagen werden daher die „Stränge" mit unterschiedlichen Peakleistungen parallel verschaltet.[63]

---

[59] Vgl. Rindelhardt (2001), S. 111 ff.
[60] Quelle: http://www.solaranlagen-portal.de/solarenergie-komponenten/solarmodule.html (01.11.2012).
[61] Vgl. Stempel (2007), S. 47 ff.
[62] Quelle: http://www.solaranlagen-portal.de/solarenergie-komponenten/solarmodule.html (01.11.2012).
[63] Vgl. Seltmann (2005), S. 78 ff.

2.5.2 Wechselrichter

Ein Wechselrichter wandelt den solar erzeugten Gleichstrom in netztauglichen Wechselstrom um. Das Gerät ist für den Sonnenertrag der Anlage genauso wichtig wie eine optimale Sonnenausrichtung der Module. Typischerweise verfügen netzgekoppelte Hausdachanlagen über mindestens einen Wechselrichter. Je nach Modulanzahl, Anlagenleistung, Konfiguration und Wechselrichtertyp können oft sogar mehrere Wechselrichter installiert sein.[64]

Der umgangssprachlich bezeichnete „Wechselrichter", in Fachkreisen eigentlich Netzeinspeisegerät, kurz „NEG" oder auch „Inverter" genannt, erfüllt in einer PV-Anlage mehr Funktionen als nur das „Wechselrichten" von Gleichstrom zu Wechselstrom.

Das „NEG" regelt Strom und Spannung so, dass die Solaranlage eine höchstmögliche Leistung (Maximum Power Point oder auch MPP-Tracking) ausgibt. Dafür stellt das Gerät schnell und genau den Arbeitspunkt auf der „Stromspannungskennline" des Modulstrings ein. Eine weitere Aufgabe des „NEG" liegt in dem Überwachen des Netzanschlusses. Bei einem Ausfall des öffentlichen Stromnetzes schaltet es unverzüglich aus Sicherheitsgründen die Solarstromanlage ab. Das „NEG" erfasst und speichert Betriebsdaten sowie Fehlermeldungen und macht diese Daten über ein Display sichtbar.

Abb. 11: Wechselrichterexemplar (Hersteller SMA) [65]

Somit ist ein Ablesen der Betriebskennwerte am PC oder per Fernabfrage möglich. Hierfür werden sogenannte Datenlogger genutzt, die über eine Schnittstelle an (die)

---

[64] Vgl. Quaschning (2011), S. 222 ff.
[65] Quelle: http://www.solar-gmbh.de/de/fachhandel/grosshandel-von-wechselrichter-solarwechselrichter-bei-der-solar-gmbh.html, (14.02.2013).

Wechselrichter angeschlossen sind. Bei gleichmäßiger Sonnenbestrahlung aller Module wird ein Wechselrichter eingesetzt. Sind die Module auf unterschiedlich ausgerichteten Dachflächen angebracht, wie in Süd- und Süd-West-Ausrichtung, dann werden separate Wechselrichter eingesetzt.

Der in den Solarmodulen erzeugte Gleichstrom wird bei netzgekoppelten Anlagen in einem oder mehreren Wechselrichtern in Wechselstrom umgewandelt, der dann in das öffentliche Stromnetz eingespeist und vergütet wird. Qualitativ hochwertige Wechselrichter übernehmen unter Umständen auch die Adaption an das Spannungsniveau und weisen folgende Eigenschaften auf: [66]

- einen hohen Teillastwirkungsgrad von 95 %
- einen geringen Bereitschafts- und Eigenstromverbrauch
- eine geringe Geräuschsentwicklung
- eine gute Regeldynamik bei wechselnden Einstrahlungsbedingungen.

2.5.3 Bypassdiode

Bei Photovoltaik-Modulen, in denen mehrere Zellen zusammengeschaltet sind, kann es vorkommen, dass in einer oder mehreren Zellen kein Strom fließt. Gründe hierfür sind beispielsweise Verschmutzungen oder auch Verschattungen. Daraus können Überhitzungen und Defekte, sogenannte „Hot Spots", im Modul entstehen, die sogar zu Bränden führen können, da an diesen Stellen eine Solarzelle plötzlich wie ein Widerstand funktioniert.

Gleichzeitig wirkt in diesem Fall ein anderer Effekt: Der gesamte Strom, den eine Solaranlage erzeugen kann, hängt vom „schwächsten" Solarmodul ab, also vom Modul mit der geringsten Nennleistung – bei einem Defekt oder Ähnlichem erzeugt die gesamte Anlage daher deutlich weniger Strom.

Durch die Bypass-Diode wird die „defektverursachende" Stelle umgangen, sodass Überhitzungen und Brände verhindert werden. Auch der Ertrag des gesamten Moduls bzw. der Anlage wird beim Einsatz einer Bypass-Diode nicht vermindert.

---

[66] Vgl. Geitmann (2010), S. 83 f.

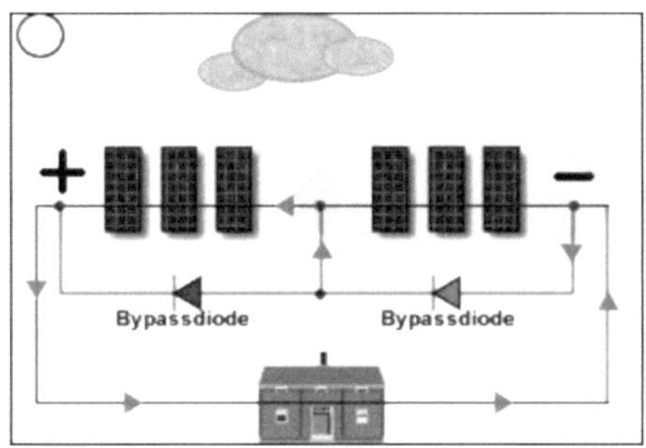

Abb. 12: Funktionsweise einer Bypass-Diode [67]

Eine Bypass-Diode stellt quasi eine „Umleitung" (Bypass) für den Solarstrom dar. [68] Sie lässt den Stromfluss nur in eine Richtung zu. Die Diode wird antiparallel zu den Zellen geschaltet (Kathode wird an den Pluspol des Moduls angeschlossen) [69] und ist im normalen Betriebszustand in Sperrrichtung gepolt. Liefert nun eine (oder mehrere) Zellen keinen Strom, dann kann dieser durch die Bypass-Diode fließen und verhindert damit „Hot Spots" und Mindererträge.

In modernen Photovoltaik-Modulen sind Bypass-Dioden bereits integriert. Heutzutage sind pro Modul circa vier Bypass-Dioden üblich, aber auch zwei oder sechs Bypass-Dioden werden pro Modul angeboten. Die Bypass-Dioden befinden sich bei neueren Modulen in der Anschlussdose. [70]

2.5.4 Hinterlüftung

Der Wirkungsgrad und die elektrische Leistung ($P_{el} = U*I$; Produkt aus Strom und Spannung) von Photovoltaik Modulen wird vor allem durch hohen (Zell-)Temperaturen negativ beeinflusst. Das heißt, wenn insbesondere im Sommer die Strahlungsintensität (in W/m^2) überdurchschnittlich hoch ausfällt und gleichzeitig sehr hohe Außentemperaturen herrschen, können die Solarzellen zu „heiß" werden, was zu einer Abnahme der Stromstärke und damit einhergehend zur Abnahme der elektrischen Leistung führen kann (siehe Abb. Strom-Spannungs-Kennlinie einer Si-Solarzelle).

---

[67] Quelle: http://www.zimmerei-schnelle.de/ZimmereiSchnelle_Photovoltaik.htm, (01.02.2013).
[68] Vgl. http://www.solaranlagen-portal.de/solarenergie-komponenten/solarzelle photovoltaik.html, (06.03.2013).
[69] Vgl. Wagner (2007), S. 69 ff.
[70] Vgl. http://www.photovoltaik.org/wissen/bypass-diode, (19.02.2013).

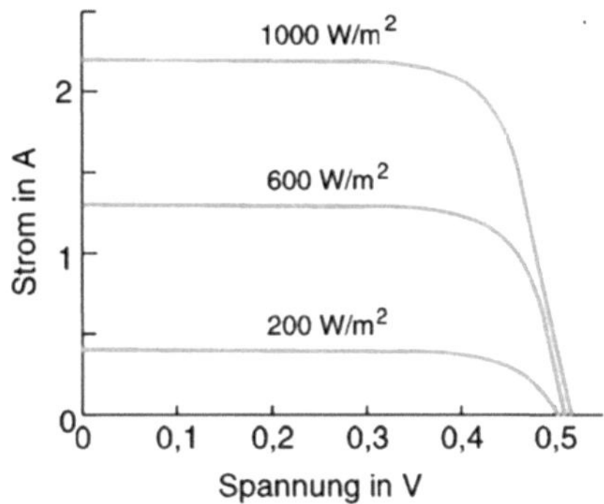

Abb. 13: Strom-Spannungs-Kennlinie einer Silizium-Solarzelle [71]

Diese für die Anwendung unter der Sonnenstrahlung ungünstige Eigenschaft hat eine grundsätzliche Ursache und gilt für alle Typen der Halbleiter-Solarzellen. Zur Erläuterung sollen die Gründe mit Hilfe der folgenden Abbildung näher erklärt werden.

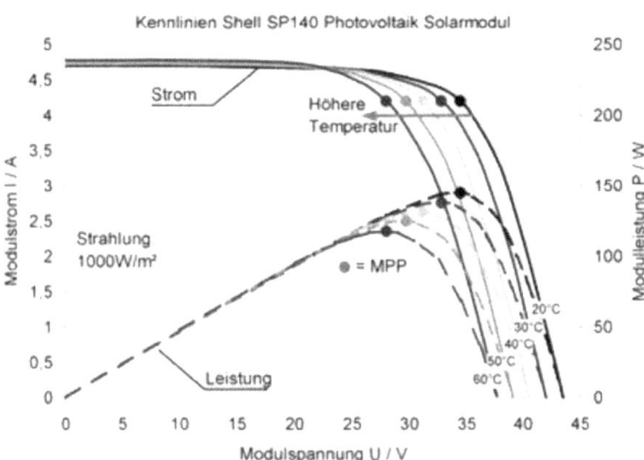

Abb. 14: Temperaturabhängigkeit des Stroms von der Spannung (Solarmodul – Shell SP140) [72]

Werden die Kennlinien eines Solarmoduls (Shell SP 140) anhand der obigen Abbildung näher betrachtet, so lassen sich folgende Schlussfolgerungen ziehen.

Die Abbildung zeigt die Abhängigkeit des Stroms im Solarmodul von der Modulspannung für unterschiedliche Temperaturen von 20 °C bis 60 °C. Aus dem Produkt von Strom und Spannung ergibt sich die Modulleistung. Die Punkte im Diagramm stellen

---

[71] Quelle: http://www.solarserver.de/wissen/basiswissen/photovoltaik.html, (20.03.2103).
[72] Quelle: www.afsolartechnik.de/ShellSP140.pdf; (13.03.2013).

40

die jeweiligen Punkte maximaler Leistung (Maximum Power Point „MPP") dar. MPP ist der Punkt, an dem die elektrische Leistung, also das Produkt aus Spannung und Stromstärke, am höchsten ist. Die Lage dieses Punktes ändert sich aufgrund unterschiedlicher Einstrahlungen und Modultemperaturen ständig, weshalb ein Wechselrichter mit Hilfe einer sogenannten „MPP-Funktion" „nachregeln" muss. I_k ist der Strom bei Kurzschluss (Plus- und Minuspol des Moduls verbunden) und U_0 die Spannung bei offenen „Klemmen".[73]

Wie an den Leistungskurven zu erkennen, nimmt die maximale Leistung des Moduls (im MPP) von 145 W bei 20 °C um fast 20 % auf 115 W bei 60 °C ab. Der Kurzschlussstrom I_k bleibt nahezu unverändert bei allen Temperaturen. Im Gegensatz hierzu sinkt die Leerlaufspannung U_0 bei zunehmender Temperatur. Auch die MPP liegen praktisch beim gleichen Strom, aber die Modulspannung nimmt mit zunehmender Temperatur ab. Äußerlich macht sich dies durch eine geringere Leistungsabgabe (P_{el}) bemerkbar. [74]

Üblicherweise funktionieren gängige Module bei einer „Zelltemperatur" von 25 °C optimal. Um eine Überhitzung der Solarmodule zu vermeiden, werden diese daher bei der Anlagenverlegung, wenn möglich in einem bestimmten Abstand zum Untergrund, montiert. Damit wird eine „natürliche" Hinterlüftung zur Kühlung der Module sichergestellt. [75]

Zusätzlich trifft ein sogenannter Temperaturkoeffizient, welcher bei allen Solarmodulen im Datenblatt ausgewiesen ist, Angaben darüber, wie stark sich ein Temperaturstau auf die Leistung auswirkt. Damit wird schon vor der Beschaffung deutlich, wie viel Prozent Leistung bei der Erhöhung der Umgebungstemperatur um ein Grad verloren gehen. Bei kristallinen Modulen liegt dieser Leistungsverlust bei circa 0,5 % pro °C. Dünnschichtmodule sind hierbei weniger temperaturanfällig.[76]

---

[73] Vgl. Seltmann (2005), S. 69 ff.
[74] Vgl. http://www.sfv.de/tocopy/lokal/mails/wvf/wenn_es_.htm, (13.03.2013).
[75] Vgl. http://www.photovoltaik.org/wissen/hinterlueftung, (13.03.2013).
[76] Vgl. Konrad (2007), S. 17.

3 Energiemarkt und Fakten zur Türkei

3.1 Allgemeine Länderinformationen

Die Türkische Republik weist die Staatsform einer parlamentarischen Demokratie auf. Der Regierungssitz liegt in der Landeshauptstadt Ankara.

Die Türkei befindet sich sowohl auf dem europäischen als auch auf dem asiatischen Kontinent. Die Landesfläche umfasst 783.562,38 km², wovon 97 % in Asien (Anatolien) und 3 % in Europa (Thrakien) liegen. Die zwei Kontinente sind durch die beiden Meeresengen Bosporus und die Dardanellen voneinander getrennt.[77]

Abb. 15: Türkei – Geographische Lage [78]

Die Türkei grenzt im Nordwesten an Griechenland und Bulgarien, im Nordosten an Georgien, Armenien, Aserbaidschan (Exklave und autonome Republik Nachitschevan), im Osten an den Iran und im Süden an Irak und Syrien. Die faktisch und politisch geteilte Mittelmeerinsel Zypern mit der Republik Zypern und der völkerrechtlich nicht anerkannten Türkischen Republik Nordzypern sind nicht weit von der türkischen Mittelmeerküste entfernt. [79] Damit stellt das Land einen zentralen Knotenpunkt zwischen Europa, der Region um das Schwarze Meer, der Kaukasusregion, dem Nahen und Mittleren Osten dar.

---

[77] Vgl. Auswärtiges Amt (2013) http://www.auswaertiges-amt.de/DE/Aussenpolitik/Laender/Laenderinfos/01-Nodes_Uebersichtsseiten/Tuerkei_node.html, (16.03.2013).
[78] Quelle: http://ddc.arte.tv/unsere-karten/die-tuerkei-rueckkehr-in-den-orient#, (16.03.13).
[79] Vgl. Abdullah Emili et al. (2012), S. 145 ff.

Aktuell leben 75 Millionen Einwohner in der Türkei. Das Land ist untergliedert in 81 Verwaltungsprovinzen.

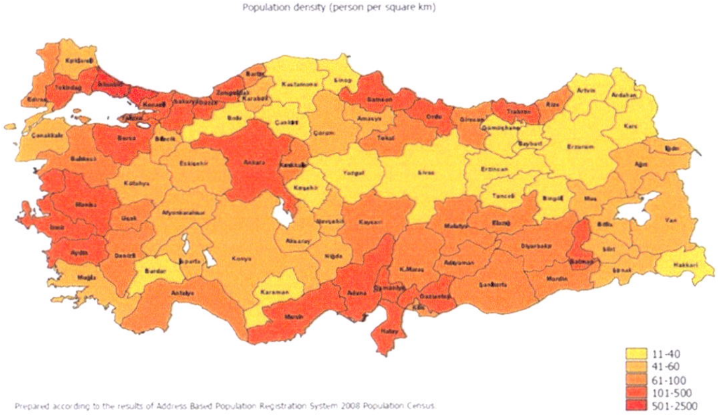

Abb. 16: Türkei – Bevölkerungsdichte (nach Provinzen unterteilt) [80]

Zu den größten Städten zählen: Istanbul (13,3 Mio.), Ankara (4,8 Mio.), Izmir (3,9 Mio.), Bursa (2,6 Mio.) und Adana (2,1 Mio.). [81] Vor allem in diesen Städten und deren Großraum ist die Bevölkerungsdichte am höchsten, wie der Abb. „Türkei-Bevölkerungsdichte (nach Provinzen unterteilt)" zu entnehmen ist.

Derzeitig sind 99 % der Bevölkerung muslimischer Glaubensrichtung. Davon sind ca. 70 % sunnitischer und 30 % alevitischer Konfession. Mit einem Durchschnittsalter von 28,8 Jahren gehört die Türkei zu den wenigen Staaten in Europa, die eine derart junge Bevölkerung aufweist. [82] Die Währung der Türkei ist die Türkische Lira. Die Untereinheit ist der „Kurusch" (1 € = 2,3557 Lira). [83]

Unterteilt wird die Türkei in sechs geographische „Hauptregionen". Diese unterscheiden sich bezüglich ihrer Bevölkerungsdichte, Vegetation, Wetterbedingungen und wirtschaftlichen Entwicklung teilweise stark voneinander. Diese Regionen sind die Marmara-, die Schwarzmeer-, die Mittelmeerregion, die Ägäische Region sowie Südost- und Zentralanatolien (siehe Abb. Türkei-Hauptregionen).

---

[80] Quelle: **Eclareon** GmbH (2012) Der türkische Photovoltaikmarkt Status & Perspektiven; Präsentation von Christian Grundner (Project Manager Market Intelligence), September 2012.
[81] Vgl. http://www.invest.gov.tr/de-DE/turkey/factsandfigures/Pages/TRSnapshot.aspx, (01.04.2013).
[82] Vgl. Dilekci (2010), S. 5 ff.
[83] Wechselkurs vom 20.03.2013 .

Abb. 17: Türkei – Hauptregionen [84]

Die Republik Türkei wurde am 29. Oktober 1923 durch den Staatsgründer Mustafa Kemal Atatürk als Nachfolgestaat des Osmanischen Reiches gegründet. Seit diesem Datum wurden zahlreiche Reformen und grundlegende Gesetzesänderungen durchgesetzt, mit dem Ziel, das Land an dem „Westen" und an die europäische Gesellschaft zu orientieren. Im Rahmen dieser Reformen wurden bspw. das Sultanat und Kalifat abgeschafft, eine westlich orientierte Kleiderordnung eingeführt, die arabische Schrift durch lateinische Schriftzeichen ersetzt, orthodoxe islamische Schulen durch modernere Schulen abgelöst und das allgemeine Frauenwahlrecht eingeführt.

Im Oktober 2005 haben Beitrittsverhandlungen der Türkei mit der Europäischen Union begonnen. Seitdem hat die Partei der „Gerechtigkeit und des Aufschwungs", die „Adalet und Kalkinma Partisi" (AKP) vom Ministerpräsidenten Recep Tayyip Erdogan viele auferlegte Richtlinien und Forderungen der EU durchgesetzt. Hierzu gehörten bspw. die Abschaffung der Todesstrafe und die Änderung der Verfassung. [85]

---

[84] Quelle: http://www.turkinfo.at/index.php?id=453 (13.03.2013).
[85] Vgl. http://www.tuerkei-reisetipps.de/htm/wissenswertes-ueber-die-tuerkei.htm, (30.10.2012).

Abb. 18: Türkei-Topographie [86]

Anhand der Abb. „Türkei-Topographie" wird deutlich, dass die Türkei ein relativ
gebirgiges Relief besitzt. Die Pontische Bergkette im Norden und die Taurus-Bergkette
im Süden umschließen das zentrale Plateau Anatoliens, die dann in das riesige Gebirgs-
gebiet im Osten des Landes übergehen. Hier entspringen die Flüsse Euphrat und Tigris.
Die vier Meere – im Norden das Schwarze Meer, im Westen das Marmarameer und die
Ägäis sowie das Mittelmeer im Süden – bilden eine Küstenlinie von insgesamt 8.333
km. Ein mediterranes Klima ist in den südlichen und westlichen Küstengegenden zu
finden, wo kurze, milde und feuchte Winter sowie lange und heiße Sommer dominieren.
Die Lufttemperatur steigt in den Monaten Juli und August auf weit über 30 °C an.

3.2 Wirtschaftspolitik

Die türkische Wirtschaft hat sich von den Auswirkungen der globalen Finanzkrise 2009
trotz massiver Konjunktureinbrüche (BIP-Wachstum: - 4,8 %) relativ schnell erholt und
im Jahr 2010 mit 9 % das größte Wirtschaftswachstum nach China und in den ersten
neun Monaten in 2011 mit 9,6 % sogar das weltweit größte Wirtschaftswachstum vor
China erzielt. Auch darüber hinaus kann die Türkei im Vergleich mit zahlreichen
anderen EU-Staaten mit positiven wirtschaftlichen Indikatoren glänzen.[87] Die Wirtschaftsentwicklung hat nach beachtlichen Wachstumsschüben der Vorjahre im Jahr

---

[86] Quelle: http://de.academic.ru/dic.nsf/dewiki/1422489, (13.03.2013).
[87] Vgl. www.swiss-export.com; (23.03.2013).

2012 deutlich an Kraft verloren. Doch auch während des Jahres 2012 konnte ein Wachstum von 3,0 % verzeichnet werden (Abb. Wirtschaftswachstum – Türkei (BIP von 2009 – 2013)).[88]

Somit musste die Türkei während der letzten Jahre weder durch Turbulenzen in der Eurozone (mit dem Wegbrechen wichtiger Exportmärkte) noch durch die politischen bzw. ökonomischen Unruhen in den Nachbarländern Syrien, Irak und Griechenland nachhaltigen Schaden hinnehmen.[89]

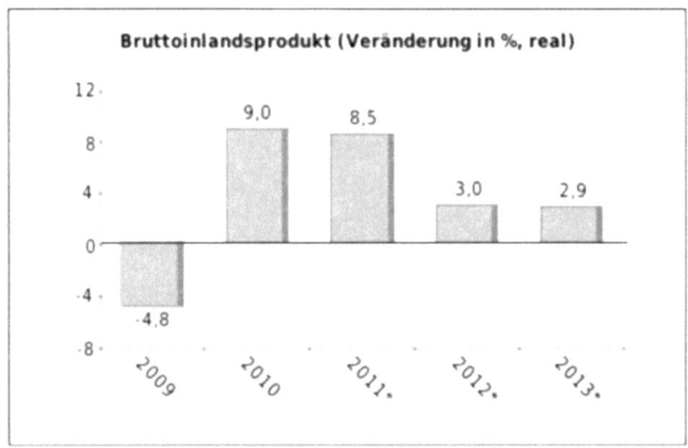

Abb. 19: Wirtschaftswachstum – Türkei (BIP von 2009 – 2013)[90]

Zudem hob im November 2012 die Ratingagentur „Fitch" die Bonitätsstufe der Türkei auf "Investment-Grad-Niveau" an. Fremdwährungsanleihen wurden um eine Stufe auf „BBB-" und Anleihen mit inländischer Währung sogar um zwei Stufen auf „BBB" heraufgestuft. Der Finanzsektor sei in einer „soliden Verfassung" und die Türkei habe „ihre öffentliche Verschuldung in den vergangenen zehn Jahren stetig verringert, wodurch sich mehr Handlungsspielraum bei der Wirtschaftspolitik" ergebe. Auch die Ratingagentur Moody's erhöhte den Ratingausblick der Türkei von „stabil" auf „posi-

---

[88] Vgl. http://www.faktwert.de/artikel.html?tx_ttnews%5Btt_news%5D=1200 (20.03.2013).

[89] Vgl. http://www.auswaertiges-amt.de/sid_23AF5E01C836DBDA28276EB564582A98/DE/Aussenpolitik/Laender/Laenderinfos/Tuerkei/Wirtschaft_node.html#doc336360bodyText1 (20.03.2013).

[90] Quelle: GTAI Wirtschaftsdaten kompakt - Türkei; (Stand November 2012) (o. V.) online unter http://www.gtai.de/GTAI/Content/DE/Trade/Fachdaten/MKT/2008/07/mkt200807555573_159220.pdf (13.02.2013).

tiv" mit der Begründung, die türkische Wirtschaft habe sich als „stark" erwiesen und bereits wieder das Vorkrisenniveau erreicht".[91]

Risikofaktoren für die weitere wirtschaftliche Entwicklung bilden fernerhin die relativ hohen Außenhandels- und Leistungsbilanzdefizite.

Werden einige wirtschaftliche Fakten der türkischen Wirtschaft mit denen der deutschen Wirtschaft verglichen, so lässt sich erkennen, dass das Wirtschaftswachstum der Türkei im Jahre 2012 fast dreimal so hoch lag wie das Wachstum der deutschen Wirtschaft. Allerdings betrug das BIP der Türkei in absoluten Zahlen gesehen lediglich 783,1 Mrd. $, wohingegen das deutsche BIP 2012 3.367 Mrd. $ ausmachte. Erfreulich ist die Entwicklung des türkischen Pro-Kopf-Einkommens im jährlichen Durchschnitt, welches mittlerweile bis auf 15.000 US $ angestiegen ist.[92] Die Arbeitslosenquote liegt derzeit offiziell bei 9 %. Hierbei erweist sich die Beschäftigungsquote von Frauen im August 2012 mit 26,8 % im OECD-Vergleich als äußerst niedrig (Quote bei Männern: 46,3 %).

Die Inflation, die im Jahr 2011 noch auf 10,4 % angestiegen war[93], konnte im Jahr 2012 auf 9,1 % gedrückt werden.[94]

---

[91] http://www.gtai.de/GTAI/Navigation/DE/Trade/maerkte,did=342088.html, (13.02.2013). Hinweis: Die Bonitäts-stufe „BBB" entspricht der Einstufung „Durchschnittlich gute Anlage. Bei Verschlechterung der Gesamtwirtschaft ist aber mit Problemen zu rechnen".

[92] Vgl. https://www.cia.gov/library/publications/the-world-factbook/geos/tu.html, (23.03.2013).

[93] Vgl. http://www.auswaertiges-amt.de/DE/Aussenpolitik/Laender/Laenderinfos/Tuerkei/Wirtschaft_node.html, (23.03.2013).

[94] Vgl. http://www.invest.gov.tr/de-DE/turkey/factsandfigures/Pages/TRSnapshot.aspx, (23.03.2013).

Vergleich	Türkei	Deutschland
Bruttoinlandsprodukt nominal (BIP)	783.100.Mio. US Dollar	3.367.000.Mio. US Dollar
BIP pro Kopf (nominal)	15.000 US Dollar	39.100 US Dollar
BIP-Wachstum	3,0 %	0,9 %
Inflationsrate	9,1 %	2,2 %
BIP nach Sektoren		
Landwirtschaft	8,9 %	0,9 %
Industrie	28.1 %	28,1 %
Dienstleistungen	63 %	73,8 %
Arbeitslosenquote[95]	9 %	6,5 %

Tab. 2: Wirtschaftsfakten Türkei – BRD (Stand 2012) [96]

Wichtige Wirtschaftsbranchen sind der Immobiliensektor, die Kraftfahrzeugherstellung, die Rüstungsindustrie, Elektro- und Haushaltsartikel, Schiffbau und der Energiemarkt. [97]

Bezogen auf die Wirtschaftssektoren sind die Leicht- und Schwerindustrie (Textil, Fahrzeuge, Chemie, Maschinen, Elektrobranche) besonders im westlichen Teil der Türkei stark vertreten und tragen mit ca. 28 % zum BIP bei.

Den größten Anteil am BIP macht der Dienstleistungssektor mit ca. 63 % und steigender Tendenz aus. Laut Angaben der Weltbank arbeiten noch über ein Drittel der Erwerbsbeschäftigten in der Landwirtschaft und tragen einen Beitrag von knapp 9 % zum BIP bei. Diese wird überwiegend im infrastrukturell vergleichsweise geringer entwickelten Osten und Südosten der Türkei betrieben.

---

[95] http://www.auswaertiges-amt.de/sid_D34699011C9AEA8B3D72D7F6C82D4635/DE/Aussenpolitik/Laender/Laenderinfos/Tuerkei/Wirtschaft_node.html, (01.04.2013).
[96] Eigene Darstellung in Anlehnung an https://www.cia.gov/library/publications/the-world-factbook/geos/tu.html, (23.03.2013).
[97] Vgl. Abdullah Emili et al. (2012), S. 145 ff.

Einen wesentlichen Wachstumsmotor bilden die hohe Inlandsnachfrage und die Importe. Damit einher ging eine auf kurzfristige Kapitalzuflüsse gestützte starke Kreditzunahme. Das Leistungsbilanzdefizit stieg steil auf fast 10 % des BIP an. Der extern finanzierte Nachfrageboom hat die Widerstandsfähigkeit der Türkei in manchen Sektoren geschwächt. Kapitalzuflüsse sind von potenziell flüchtigen Finanzierungen beherrscht, die kurzfristige Auslandsverschuldung ist stark angestiegen. Die Devisen-verbindlichkeiten privater Wirtschaftsunternehmen haben sich deutlich erhöht, wodurch diese anfällig für negative Währungsschwankungen werden.

Die Schuldenquote der Türkei, die sich während der globalen Krise von 39,9 % auf 46,1 % erhöht hatte, liegt jetzt wieder deutlich unter 40 %. Haushaltspolitisch knüpft die türkische Regierung an die auf Stabilität ausgerichtete disziplinierte Fiskalpolitik früherer Jahre an. Positiv hervorzuheben sind die stetige Verringerung der Schulden-quote und der ausgeglichene Haushalt. Die Türkei will spätestens bis Ende 2013 die Kredite beim IWF vollständig tilgen. Mit den Kennziffern für den Schuldenstand und das Haushaltsdefizit erfüllt die Türkei gegenwärtig die Maastricht-Kriterien.[98] Ein Kriterium besagt bspw., dass der öffentliche Schuldenstand nicht mehr als 60 % des Bruttoinlandsprodukts ausmachen darf.[99]

Die Türkei ist die am schnellsten wachsende Volkswirtschaft in Europa. Einer Studie der Investment-Bank Goldman Sachs zufolge, wird die türkische Wirtschaft bis zum Jahr 2050 jedes Jahr um 7 % wachsen und zur neuntgrößten der Welt sowie zur dritt-größten in Europa aufsteigen.[100]

3.3 Energiehaushalt der Türkei

3.3.1 Energieverbrauch

In der Türkei lässt sich in den letzten Jahren ein stetiger Anstieg des nationalen Ener-gieverbrauchs erkennen. Dieser betrug 2011 circa 230 TWh. Auch in den nächsten Jahren wird vor allem wegen der stetigen Industrialisierung mit einem jährlichen

---

[98] Hinweis: Die Maastricht-Kriterien entscheiden darüber, welche Mitgliedstaaten an der dritten Stufe der Wirt-schafts- und Währungsunion (und damit an der Euro-Einführung) teilnehmen dürfen.
[99] Vgl. http://www.invest.gov.tr/de-DE/turkey/factsandfigures/Pages/Economy.aspx, (01.04.2013).
[100] Vgl. http://www.dtr-ihk.de/landesinfo/wirtschaftsberichte/wirtschaftsbericht-tuerkei-2010/, (23.03.2013).

Anstieg des Verbrauchs von etwa 7 % gerechnet. [101] Allein auf den Wirtschaftssektor der Industrie entfielen 2011 hierbei mehr als 41 % des Gesamtenergieverbrauchs. [102] Dem ständig steigenden Bedarf stehen nur begrenzte eigene Energieträgervorkommen gegenüber, die zur Stromproduktion verwendet werden können. Aktuell sind lediglich einige Braunkohlevorkommen und die Wasserkraft als nennenswerte lokale Energieträger vorhanden. Ein Großteil des Energieverbrauchs muss daher mit Importen gedeckt werden. So wurden bspw. im Jahr 2010 30,28 Millionen Tonnen Öläquivalenten (MTOE) Energie selbstständig erzeugt und etwa 77,4 MTOE an Energieträgern importiert. Dies macht einen Anteil von circa 72 % des Gesamtenergiebedarfs aus.

Basic Energy Data	
Energy Production (2010) / - Consumption (2009/2010)	30.28 Mio. toe (Import 77,4 Mio. Toe) 97.66 Mio. Toe / 108,2 Mio Toe
Electricity Consumption (2011) / - Production (2011)	230 TWh / 229 TWh
Electricity Tariff (02/2012) (households / industry)	13.35 / 11.57 (EUR ct / kWh)
Electricity Demand Increase 2010 – 2011	~10% (annual increase of 6,5% projected until 2030)
Electricity Consumption per capita (2008)	Turkey: 2,400 kWh OECD: 8,486 kWh Germany: 7,148 kWh
RES electricity generation (2011)	25% (Hydro 23%, Wind 2%)
Fossil electricity generation (2011)	Gas: 102,130 GWh (45%) Coal: 64,573 GWh (28%) Liquid Fuels: 3,804 (2%)

Abb. 20: Grundlegende Energie-Kennzahlen – Türkei (2008 - 2011) [103]

Der Primärenergieverbrauch (PEV) der Türkei lag im Jahr 2010 bei 108,20 MTOE. Hierbei befand sich der türkische Pro-Kopf-Energieverbrauch 2008 im Vergleich zu anderen Ländern der OECD (OSZE) mit 2.400 kWh pro Kopf weit unter dem OECD-Durchschnitt, welcher 8.486 kWh pro Kopf betrug.

Werden die Zuwachsraten der letzten Jahre betrachtet, so lässt sich jedoch prognostizieren, dass sich dieser geringe Pro-Kopf-Verbrauch künftig verändern wird. Betrug der Primärenergieverbrauch der Türkei im Jahr 1998 lediglich 72,4 MTOE so erhöhte sich

---

[101] Vgl. Bundesministerium für Wirtschaft und Technologie und Deutsch-Türkische Industriehandelskammer (AHK) (2010) Fact Sheet, „Energieeffizienz in der Industrie", S. 2 f. online unter www.efficiency-from-germany.info/EIE/Redaktion/PDF/factsheet-tuerkei-2010-HJ1,property=pdf,bereich=eie,sprache=de,rwb=true.pdf, (01.02.2013).
[102] Vgl. http://www.photovoltaik.org/news/international/photovoltaik-der-tuerkei-grosses-potenzial-zur-12550, (11.03.2013).
[103] Quelle: Eclareon GmbH, Informationspräsentation von Christian Grundner, „Der türkische Photovoltaikmarkt Status & Perspektiven"; (September 2012).

2011 dieser Wert auf 118,80 MTOE (Abb. Primärenergieverbrauch nach Brennstoffen in MTOE (2010/2011). Der Energieverbrauch hat also innerhalb von 14 Jahren um mehr als 60 % zugenommen.

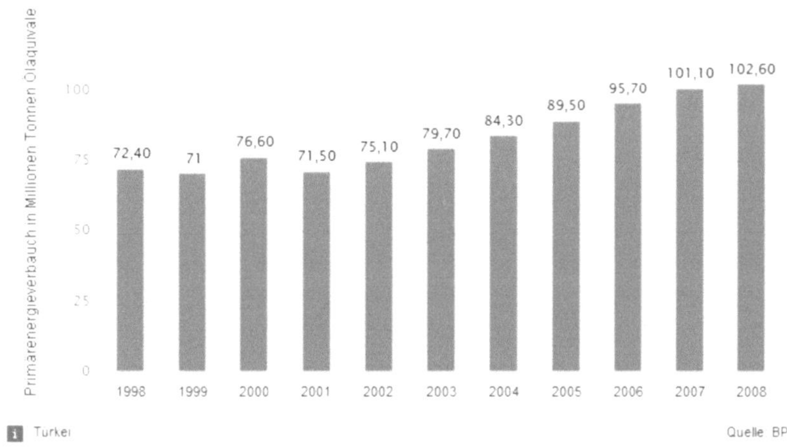

Abb. 21: Primärenergieverbrauch in MTOE (1998 – 2008) [104]

Beim Energieverbrauch wird anhand der Kennzahlen deutlich, dass Erdgas, Erdöl und Kohle zu den Brennstoffen gehören, die sowohl im Jahr 2010 als auch im Jahr 2011 in der Türkei anteilig am höchsten verbraucht wurden (siehe Abb. Primärenergieverbrauch nach Brennstoffen in MTOE (2010/2011)). Dahingegen wurden die Wasserkraft und andere erneuerbare Energieträger vergleichsweise weniger verbraucht. Kernenergie wird auf türkischem Boden bisher noch nicht generiert, drei Atomkraftwerke sind jedoch wegen des stetig wachsenden Energiebedarfs in Planung.

---

[104] Quelle: http://de.statista.com/statistik/daten/studie/42208/umfrage/tuerkei---verbrauch-an-primaerenergie-in-millionen-tonnen-oelaequivalent/ (17.03.2013).

Primärenergieverbrauch der Türkei nach Brennstoffen in den Jahren 2010 und 2011
(in Millionen Tonnen Öläquivalent)

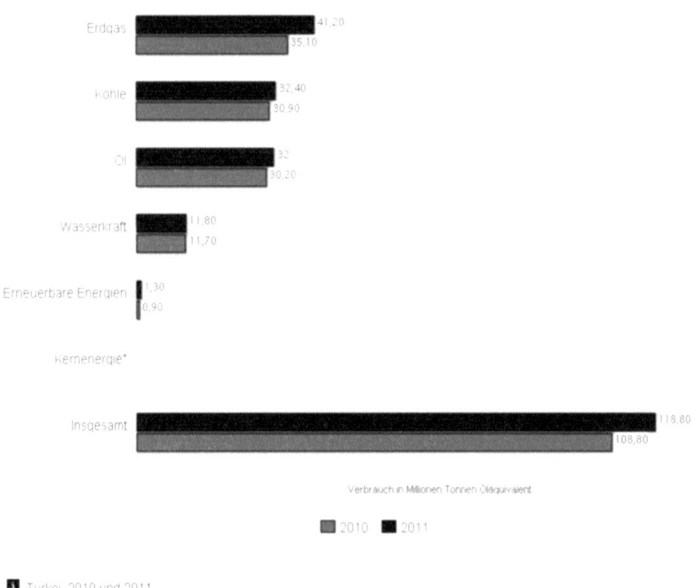

Abb. 22: Primärenergieverbrauch nach Brennstoffen in MTOE (2010 und 2011) [105]

Der gesamte Primärenergieverbrauch der Türkei lag im Jahr 2011 bei 118,80 MTOE. Hierbei war der Anteil vom Erdgas mit 41,20 MTOE am höchsten, gefolgt von Kohle (Stein- und Braunkohle) mit 34,20 MTOE und Erdöl mit 34 MTOE. Die Wasserkraft lag bei 11,80 MTOE und die restlichen erneuerbaren Energien (Sonnenenergie, Geothermie, Biomasse u. a.) machten lediglich einen Anteil von 1,3 MTOE aus. Der gesamte PEV nahm im Gegensatz zum Vorjahr um ca. 10 % zu.

Bezogen auf die Verbrauchergruppen lässt sich im Wesentlichen Folgendes festhalten: In der Vergangenheit verteilte sich der Elektrizitätsverbrauch relativ gleichmäßig zwischen

---

[105] Quelle: http://de.statista.com/statistik/daten/studie/42436/umfrage/tuerkei---primaerenergieverbrauch-ausgewachlter-brennstoffc-in-millionen-tonnen-oelaequivalent/, (17.03.2013).

dem Industriesektor, Transportsektor und den Haushalten. [106] Wegen der zunehmenden Industrialisierung hat sich diese Verteilung zugunsten des Sektors der Industrie verändert.

3.3.2 Energieressourcen

Dem ständig steigenden nationalen Energiebedarf stehen nur begrenzte eigene Energieressourcen gegenüber, die zur Stromproduktion verwendet werden können.

Bei den fossilen Primärenergieträgern stellt Braunkohle die mit Abstand am häufigsten vorkommende und die wichtigste lokal geförderte fossile Energieressource in der Türkei dar. Braunkohlevorkommen gibt es in mehreren Teilen des Landes. Die größten aktuellen Förderungsgebiete (40 % der Braunkohlevorkommen) liegen in der Provinz Kahramanmaras im Raum Afsin-Elbistan.

Die gesicherten Reserven belaufen sich auf 8,5 Milliarden Tonnen Braunkohle. Über 75 % der türkischen Braunkohle weisen allerdings einen vergleichsweise niedrigen Brennwert von weniger als 2.500 kcal/kg auf. Daher sind die meisten Braunkohlekraftwerke in unmittelbarer Nähe des Tagebaus errichtet worden und dienen zu 80 % der Stromgewinnung. 2010 wurden etwa 76 Mio. t. Braunkohle und etwa 2,6 Mio. Tonnen Steinkohle gefördert. [107]

Die einzigen türkischen Steinkohlereserven liegen im Norden des Landes im Großraum Zonguldak. Der größte Teil der Kohleförderung entfällt auf die beiden staatlichen Bergbauorganisationen TTK (Türkiye Taskömürü Kurumu) und TKI (Türkiye Kömür Isletmesi). Steinkohle wird fast ausschließlich aus dem Ausland bezogen. [108]

Die einzigen nennenswerten Reserven für Erdöl und Erdgas in der Türkei befinden sich im Südosten der Türkei in den Provinzen Adiyaman, Batman/Diyarbakir und einige wenige im Westen der Türkei. Das Generaldirektorat für Erdöl (PIGM) schätzt die verbliebenen türkischen Öl- und Gasreserven auf 296 Millionen Barrel (43,7 MTOE) beziehungsweise 8,8 Mrd. m^3. Diese Reserven reichen nicht annähernd aus, um den künftig wachsenden Gasverbrauch zu decken. Wie in Abb. Primärenergieverbrauch

---

[106] Vgl. Institut für ökologische Wirtschaftsforschung, „Analyse und Beurteilung der Türkei als Zielmarkt für den Export von Dienstleistungen durch deutsche Unternehmen im Bereich erneuerbarer Energien von Sascha Faradisch, (o. J.) S. 23 ff.

[107] Vgl. GTAI: „Konventionelle Kraftwerke tragen Hauptlast in der Türkei"; Marcus Knupp (14.10.2011), http://www.gtai.de/GTAI/Navigation/DE/Trade/maerkte,did=76996.html, (16.03.13).

[108] Vgl. GTAI: "Energiewirtschaft Türkei 2009" (o. V.) 18.03.2010.

nach Brennstoffen in MTOE (2010/2011) ersichtlich ist, wurden allein im Jahr 2011 insgesamt 73,60 MTOE an Erdöl und Erdgas als Primärenergie verbraucht. Der Großteil beider Energieträger muss daher über Pipelines, Transporter und Tanker importiert werden.

Glücklicherweise verfügt die Türkei aufgrund ihrer geographischen Lage in dem Punkt über Standortvorteile und nimmt eine enorme Bedeutung als Transitland für sich und andere Länder ein. So wurde in den letzten Jahren der Ausbau von Öl- und Gaspipelines (wie bspw. Ceyhan-Baku-Tiflis oder Nabucco Pipeline) in Partnerschaft mit der EU und anderen Ländern vorangetrieben. Die vorteilhafte Stellung der Türkei besteht darin, dass viele Öl- und Gaspipelines wegen künftiger Energieverknappung und möglicher Versorgungsengpässe für die gesamte Region und auch für die Europäische Union von allerhöchster strategischer Bedeutung sind. Darüber hinaus ist auch die geographische Nähe zu den ressourcenreichsten Regionen der Welt vorteilhaft (rund 70 % der weltweit nachgewiesenen Energiereserven in Bezug auf Erdgas und Erdöl liegen in der näheren Umgebung der Türkei). [109] Dies verschafft der Türkei einen wertvollen Standortvorteil als Transitland von Energieimporten. [110]

Auch in Bezug auf die erneuerbaren Energien ist die geographische Lage von besonderem Vorteil. Das Land verfügt, bedingt durch eine große Landesfläche, über ein bergiges Relief aufgrund einer langen Küstenlandschaft von ca. 8355 km. Dies ermöglicht viel Platz für Windkraftanlagen sowie überdurchschnittliche Sonneneinstrahlungswerte für Solaranlagen. Für die Region eigentlich unüblich ist die Türkei reich an Wasservorkommen, die an vielen Stellen für die Energiegewinnung geeignet sind. Das Solarenergiepotenzial wird hierbei auf ca. 1,3 Mrd. Tonnen Erdöläquivalent geschätzt.[111.] Die zahlreichen Staudämme an den beiden großen Flüssen, Euphrat und Tigris, spielen bei der Energieproduktion durch Wasserkraft eine wichtige Rolle. [112] Besondere Potenziale werden künftig vor allem der Wasserkraft, der Windenergie, aber auch der Geothermie zugeschrieben.

---

[109] Vgl. **Stiftung Wissenschaft und Politik,** Studie von Heinz Kramer „Die Türkei als Energiedrehscheibe"-Wunschtraum und Wirklichkeit; im Kapitel „Die Rohstoffpotenziale", April 2010; S. 9 f.
[110] Vgl. GTAI: "Energiewirtschaft Türkei 2009" (o. V.) 18.03.2010.
[111] Vgl. http://www.exportinitiative.bmwi.de/EEE/Navigation/veranstaltungen,did=446060.html, (22.03.2013).
[112] Vgl. http://www.photovoltaik.org/news/international/photovoltaik-der-tuerkei-grosses-potenzial-zur-12550, (23.03.2013).

3.3.3 Energieproduktion

In Bezug auf die Produktion elektrischer Energie wird in der Türkei seit Jahren auf die fossilen Energieträger gesetzt. Die erzeugte Energie bspw. im Jahr 2010 stammte zu ca. 73 % aus fossilen Brennstoffen (vor allem Kohle und Erdgas), etwa 25,3 % aus Wasserkraft und lediglich ca. zu 1,7 % aus anderen erneuerbaren Energien, wie Photovoltaik, Biomasse, Windenergie und Geothermie (siehe Tab. Elektrizitätskapazitäten und -erzeugung nach Energiequellen 2010). Anhand der Tabelle ist auch erkennbar, dass bei der Stromerzeugung besonders die Energiequellen Erdgas, Kohle und die Wasserkraft große Kapazitäten aufweisen. Es wird ebenfalls ersichtlich, dass die Energieerzeugung aus der Photovoltaik keine nennenswerten Anteile oder Kapazitäten an der Energieerzeugung hat.

Energieträger	Kapazität in MW	Anteil an der Gesamtkapazität 2010	Erzeugung in GWh	Anteil an der Gesamterzeugung 2010
Steinkohle	2.416	5,15 %	16.400	7,81 %
Braunkohle	8.275	17,63 %	36.700	17,48 %
Erdöl u. a.	1.594	3,39 %	5400	2,62 %
Erdgas	15.400	32,80 %	95.000	45,24 %
Biomasse	90	0,19 %	350	0,17 %
Wasserkraft	17.880	38,08 %	53.000	25,24 %
Geothermie	95	0,20 %	600	0,29 %
Windenergie	1.200	2,56 %	2450	1,17 %
Insgesamt (2010)	46.950	100,00 %	210.000	100,00 %
Insgesamt (2011) [113]	51.547	-	229.395	-

Tab. 3 Elektrizitätskapazitäten und -erzeugung nach Energiequellen (2010/2011) [114]

---

[113] Vgl. http://www.enerji.gov.tr/EKLENTI_VIEW/index.php/raporlar/raporVeriGir/71073/2, (23.03.2013).
[114] Eigene Darstellung in Anlehnung an. GTAI Artikel „Kohle ist wichtigste einheimische Energiequelle der Türkei", Marcus Knupp vom 21.06.2011.

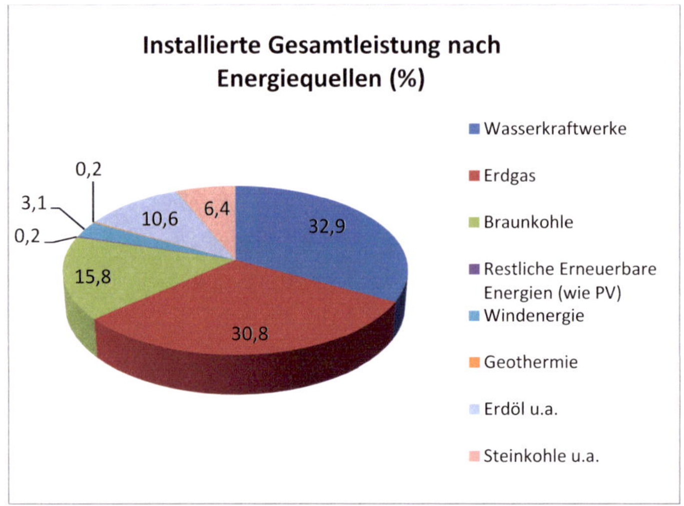

Abb. 23: Kapazitätssanteile nach Energiequellen in der Türkei (2011) [115]

Im Jahre 2011 betrug die Nennleistung in Kraftwerken 51.547 MW. Mit dieser installierten Kapazität wurden etwa 230 TWh Energie erzeugt.

Anhand des obigen Kreisdiagramms lässt sich erkennen, dass im Jahr 2011 bei der installierten Gesamtleistung als wichtigste Primärenergieträger die fossilen Brennstoffe Kohle, Erdgas und Erdöl galten, die insgesamt bis zu 64 % ausmachten. Die Wasserkraft ist eine der beiden wichtigen Energiequellen bei der Gesamtleistung und stellt 33 % der Kapazität dar. Der zweite wichtigste einheimische Energieträger Braunkohle umfasste einen Anteil von knapp 16 %.

Die Türkei besitzt ein enormes Wasserkraftpotenzial von rund 39.000 MW, was nach Angaben der nationalen Wasserbehörde etwa 16 % des gesamten europäischen und 1,4 % des weltweiten Potenzials entspricht. Derzeit werden mit rund 150 bestehenden Wasserkraftwerken mit einer Leistungskapazität von 13.680 MW lediglich rund 35 % dieses Potenzials genutzt. Mit der Absicht, langfristig das vorhandene Potenzial voll auszuschöpfen, laufen daher zahlreiche Projekte zum Bau von weiteren Staudämmen und Wasserkraftwerken. [116]

---

[115] eigene Darstellung in Anlehnung an
http://www.enerji.gov.tr/yayinlar_raporlar/Dunyada_ve_Turkiyede_Enerji_Gorunumu.pdf)(22.03.2013).
[116] Vgl. GTAI: "Energiewirtschaft Türkei 2009" (o. V.) 18.03.2010 .

Restliche erneuerbare Energien, zu denen auch die Photovoltaik gehört, stellten 2011 mit einer Nennleistung von 5 MW lediglich einen Anteil von 0,2 % an der Gesamtkapazität dar (im Vergleich hierzu: in der BRD: 24.678 MW, in Griechenland: 631 MW). [117] Aufgrund sieben durchschnittlicher Sonnenstunden pro Tag und der für die Solarmodule nicht zu hohen Temperaturen bestehen jedoch sehr günstige Voraussetzungen für den Ausbau des Betriebs von Photovoltaik-Anlagen. [118] Das aktuell größte Wachstumspotenzial bei den alternativen Energien jedoch wird der Windenergie zugeschrieben. Auch wenn diese gegenwärtig mit der Geothermie und der Photovoltaik nur minimale Kapazitäten zur Stromerzeugung beiträgt, wird sich dieser Anteil künftig beachtlich erhöhen.

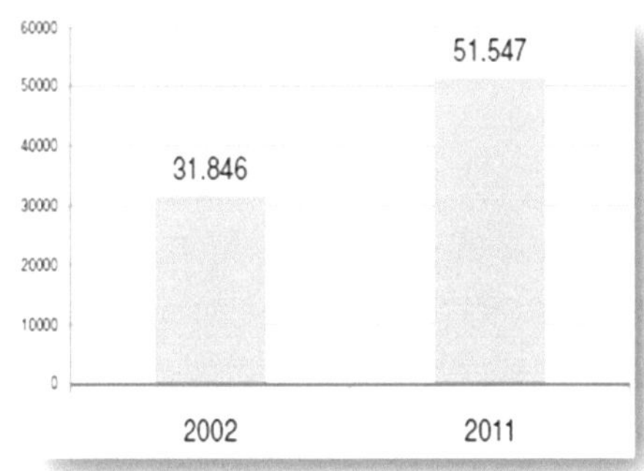

Abb. 24: Installierte Gesamtleistung in MW (2002 und 2011)[119]

Bei der installierten Gesamtelektrizitätskapazität ist zu erkennen, dass die installierte Gesamtleistung der Türkei im Jahre 2002 rund 31.846 MW betrug und sich 2011 auf 51.547 MW erhöht hat. Dies macht eine Steigerung von ungefähr 61 % in nur acht Jahren aus.[120]

---

[117] Vgl. http://fotoanaliz.hurriyet.com.tr/galeridetay.aspx?cid=64710&rid=4369&p=3, (22.03.2013).
[118] Vgl.
http://www.ulm.ihk24.de/international/Aussenwirtschaft/laender_und_maerkte/Europa/Suedosteuropa/Tuerkei/Landes-
_und_Wirtschaftsinformationen/1412914/Tuerkei_Erneuerbare_Energie_bietet_viel_Potenzial.html;jsessionid=E42
DAE1B9634B2488F3BAD0423629856.repl2 (22.03.2013).
[119] Quelle: http://www.enerji.gov.tr (22.03.2013).
[120] Vgl. GTAI: "Energiewirtschaft Türkei 2009" (o. V.) 18.03.2010.

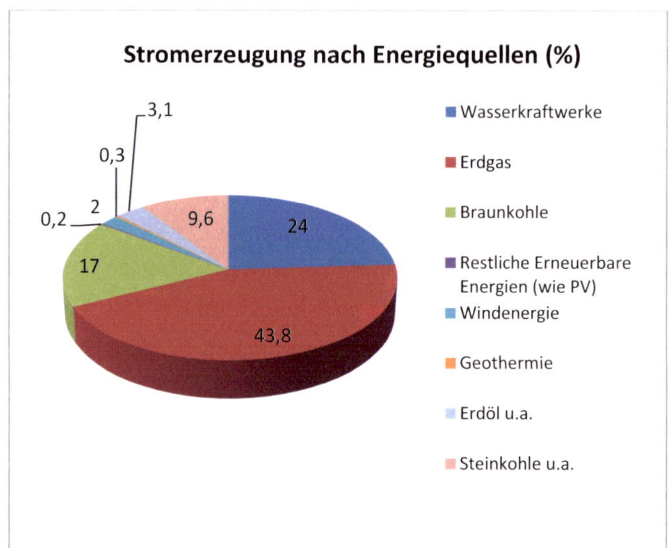

Abb. 25: Stromerzeugungsanteile nach Energiequellen in der Türkei (2011) [121]

Bei der nationalen Stromerzeugung verhält es sich ähnlich wie bei den Kapazitäten zur Stromproduktion. Während im Jahr 2002 lediglich 129 GWh generiert wurden, konnten im Jahr 2011 bereits 230 GWh an Energie erzeugt werden, dies entspricht einer Steigerung von 57 % in nur neun Jahren.[122]

Wird die Stromerzeugung nach Energieträgern im Jahr 2011 anhand des obigen Kreisdiagramms näher betrachtet, so lässt sich zunächst feststellen, dass der Großteil der Stromproduktion (fast 44 %) durch Erdgas getragen wird. Bei der Stromerzeugung ist der Anteil der beiden einheimischen Energieträger Braunkohle (17 %) und Wasser (24 %) wie auch bei der Nennleistung von immenser Bedeutung. Der hohe Anteil der Wasserkraft lässt sich durch das niederschlagsreiche Jahr bewerkstelligen, im Jahr 2009 wurden beispielsweise allerdings nach der vorangegangenen trockenen Phase nur 17,4 % an Strom via Wasserkraftwerke generiert. [123] Andere erneuerbare Energien, wie zum Beispiel die Solarenergie, die aufgrund der geographischen Lage der Türkei und der durchschnittlich hohen Sonnenstunden zu erwarten wäre, spielen bei der Stromproduktion bisher kaum eine Rolle (in der Abbildung unter Rubrik „Restliche erneuerbare Energien").

---

[121] Quelle: http://www.enerji.gov.tr/yayinlar_raporlar/Dunyada_ve_Turkiyede_Enerji_Gorunumu.pdf (01.02.2013).
[122] Vgl. http://www.enerji.gov.tr/EKLENTI_VIEW/index.php/raporlar/raporVeriGir/71073/2 (05.02.2013).
[123] Vgl. GTAI: Konventionelle Kraftwerke tragen Hauptlast in der Türkei; Artikel von Marcus Knupp (14.10.2011), http://www.gtai.de/GTAI/Navigation/DE/Trade/maerkte,did=76996.html, (14.10.2012).

3.3.4 Importnotwendigkeit zur Bedarfsdeckung

Es lässt sich festhalten, dass die Türkei zur Deckung ihres in den letzten Jahren stetig wachsenden Energiebedarfs stark von ausländischen Lieferungen abhängig ist.

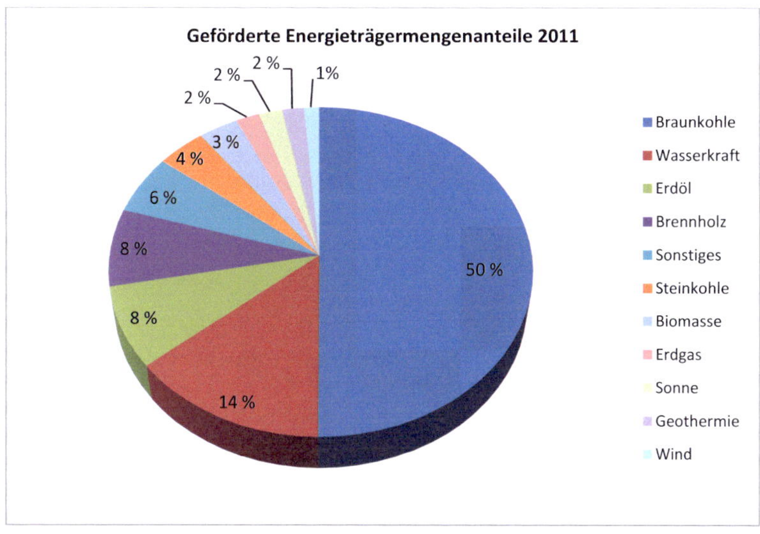

Abb. 26: Geförderte Energieträgermengenanteile in der Türkei (2011) [124]

Anhand der obigen Grafik lässt sich sofort erkennen, dass die größten Anteile der in der Türkei lokal geförderten Energieträgermengen die Braunkohle mit 50 % und die Wasserkraft mit 14 % ausmachen. Einen beachtlichen Anteil von 8 % umfasste Brennholz und darauf folgend Erdöl mit 8 % an der Gesamtproduktionsmenge, welche für alle Energieträger insgesamt 32,23 MTOE betrug. Der nationale Energieverbrauch konnte mit der Menge jedoch nicht gedeckt werden. Dieser lag im selben Jahr ungefähr bei 112 MTOE

Wie auch in den vorigen Kapiteln dargestellt, steigt der Energiebedarf vor allem durch die gegenwärtig stetige Ausweitung des türkischen Industriesektors schneller als das Land derzeit Energie produzieren kann. Die Differenz muss demzufolge durch Importe ausgeglichen werden. Dementsprechend mussten im Jahr 2010 bis zu 72 % der fossilen Energieträ-

---

[124] Quelle: http://www.enerji.gov.tr/EKLENTI_VIEW/index.php/raporlar/raporVeriGir/71073/2, (26.03.2013).

ger wie Steinkohle, Erdöl und Gas importiert werden.[125] Im Vergleich zu den meisten G-20 Ländern liegt dieser Wert überdurchschnittlich hoch (Vergleich EU-27: 52,1 %).[126] In der folgenden Grafik sind die Anteile dieser drei fossilen Energieträger dargestellt.

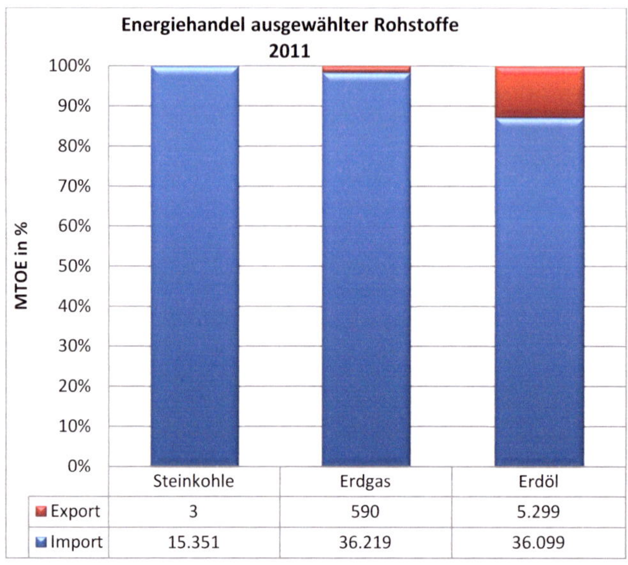

	Steinkohle	Erdgas	Erdöl
■ Export	3	590	5.299
■ Import	15.351	36.219	36.099

Abb. 27: Energiehandel ausgewählter Rohstoffe (2011) [127]

Die Grafik zeigt deutlich, dass alle drei Energieträger fast ausschließlich aus dem Ausland importiert werden müssen. Dies soll nun näher analysiert werden.

Der Energieträger Erdgas musste 2011 mit einem Anteil von 98 % fast ausschließlich aus dem Ausland importiert werden. Hierbei waren die beiden wichtigsten Lieferländer Russland und der Iran. Etwa 67 % des für die Stromerzeugung wichtigen Erdgases wurden aus Russland und 16 % aus dem Iran bezogen, der Rest des Erdgasbedarfs wurde durch Lieferungen anderer Länder gedeckt. In Bezug auf die Erdgasimporte hat die Türkei Abnahmeverträge mit allen Lieferländern geschlossen. So wird die Türkei

---

[125] Vgl. http://www.enerji.gov.tr/yayinlar_raporlar/Dunyada_ve_Turkiyede_Enerji_Gorunumu.pdf (22.03.2013).

[126] Vgl. https://www.destatis.de/DE/ZahlenFakten/LaenderRegionen/Internationales/Land/G20/G20Details.html?cms_gtp= 194116_list%253D3%2526194100_list%253D3%2526194102_slot%253D3&https=1 (08.04.2013).

[127] Eigene Darstellung in Anlehnung an http://www.enerji.gov.tr/EKLENTI_VIEW/index.php/raporlar/raporVeriGir/71073/2, (02.04.2013).

insbesondere bei den Abnahmeverträgen, die mit dem Iran und Russland eingegangen wurden, nach jetzigen Vertragsgrundlagen zur Abnahme der vereinbarten Gasmenge verpflichtet und eine weitere Veräußerung an Drittstaaten nicht zugelassen beziehungsweise nur unter neu zu verhandelnden Sonderbedingungen genehmigt. Diese Genehmigungen würden einhergehen mit erhöhten Preisen. Der Staat ist also vertraglich verpflichtet, die bestellte Gasmenge, auch wenn kein Bedarf hierfür besteht, nach einem sog. „Take-or-pay-Prinzip" zu bezahlen.[128]

Das Problem hierbei sind fehlende Gasspeicheranlagen auf türkischem Territorium. Das nicht benötigte Gas kann nicht „gespeichert" werden und bleibt beim Exporteur. Solche speziellen Speicheranlagen werden auch von der EU empfohlen und sind aktuell in Planung. Darüber hinaus gibt es Schätzungen, dass die Türkei in 40 Jahren ihren Eigenbedarf an Gas durch heimische Schiefergasvorkommen im Südosten des Landes komplett decken könnte, hierzu fehlen aktuell jedoch Erfahrungswerte und verlässliche Zahlen. [129]

Wegen kaum vorhandener eigener Erdölressourcen muss auch das Erdöl zu fast 85 % aus dem Ausland importiert werden (Abb. Energiehandel ausgewählter Rohstoffe 2011). Auch hier bilden Russland und Iran die Hauptlieferanten, wobei der Iran den Großteil (51 %) des Erdöls liefert.[130] Angesichts der gegenwärtigen Sachlage, dass die USA und die EU Finanzsanktionen gegenüber der Iranischen Republik wegen ihres umstrittenen Atomprogramms verhängt haben und daher die Türkei iranische Öl- und Gaslieferungen aktuell mit auf dem Weltmarkt relativ niedrigwertiger türkischer Lira und sogar mit Gold begleichen muss, kann vermutet werden, dass sich in naher Zukunft die iranischen Exportanteile (zusätzlich 18 % Erdgas) eventuell auch zugunsten anderer Lieferländer, speziell in russische Exportanteile umwandeln könnten. [131] Dies würde die (Verhandlungs-)Position Russlands noch weiter stärken.

Die Hoffnung und die Bestrebungen der türkischen Regierung in den letzten Jahren, durch mögliche Funde fossiler Brennstoffe auf türkischem Boden und Hoheitsgebieten,

---

[128] Vgl. http://www.deutsch-tuerkische-nachrichten.de/2012/09/460121/energie-tuerkei-zahlt-fuer-ungenutztes-erdgas-mehr-als-eine-milliarde-euro/, (02.04.2013).

[129] Vgl. **Deutsch – Türkisches Journal**, „Deutsch-Türkisches Energieforum setzt auf erneuerbare Energien" (o. V.) Artikel vom 17.12.2012, http://dtj-online.de/news/detail/1768/deutsch_turkisches_energieforum_setzt_auf_erneuerbare_energien.html, (02.04.2013).

[130] Vgl. GTAI: "Energiewirtschaft Türkei 2009" (o. V.) 18.03.2010.

[131] Vgl. http://www.wallstreetjournal.de/article/SB10001424127887324352004578139373789424366.html, (06.04.2013).

v. a. im Schwarzen Meer, Erdöl vor der „eigenen Haustür" zu fördern, haben sich bislang nicht erfüllt. Es bleibt daher weiterhin spekulativ, ob und in welchen Mengen Ölvorkommen im Schwarzen Meer vorhanden sind. Fakt ist, dass die „Türkiye Petrolleri Anonim Ortaklığı" (TPAO), ein türkisches Mineralölunternehmen, welches nur zu diesem Zweck gegründet wurde, seit den 1970er-Jahren ca. zwölf Milliarden Dollar in Erkundungs- und Probebohrungen im Schwarzen Meer investiert hat und nach insgesamt 57 Probebohrungen immer noch kein leicht förderbares Öl ausfindig machen konnte.[132]

Ähnlich wie mit dem Erdöl und Erdgas verhält es sich auch mit Steinkohle, welche zu 100 % aus dem Ausland bezogen werden muss. Auch hier ist Russland der wichtigste Importeur der Türkei. Die türkische Regierung geht davon aus, dass der Verbrauch an Braun- und Steinkohle bis zum Jahre 2020 von 32,4 MTOE (2011) auf insgesamt 118,4 MTOE steigen wird. Innerhalb dieses Zeitraums wird erwartet, dass sich die heimische Braunkohleproduktion verdreifacht und die Steinkohleimporte um das 15-Fache zunehmen. Dies wird dazu führen, dass Steinkohle einen Anteil von knapp 44 % am Energieverbrauch der Türkei im Jahre 2020 aufweisen wird.[133]

Dies unterstreicht eine schon fast „absolute" Energieabhängigkeit der Türkei in Bezug auf diese drei wichtigen fossilen Energieträger – Steinkohle, Erdöl und Erdgas. Zudem ist eine gewisse Abhängigkeit an einzelne Länder, vor allem an Russland, erkennbar. Angesichts dieser „Machtverhältnisse" könnten im Falle eines „Worst-Case-Szenarios", wie bei politischen Spannungen, die Exporte von russischer Seite gemindert bzw. die Preise willkürlich erhöht werden.

Die hohe Importabhängigkeit in Bezug auf einige Rohstoffe führt zweifellos auch zu einer Belastung des Staatshaushalts durch Staatsverschuldung. So betrug die Schuldendienstzahlung im Jahr 2010 knapp 36,7 % in Bezug auf die Exporte (2009: 41,9). Im Jahr 2012 machte die Neuverschuldung der Türkei ca. 36,8 % des BIP netto aus (im Vergleich 2011: 39,2 %).[134] Zusätzlich zu dieser gewaltigen Schuldenlast werden die

---

[132] Vgl. http://dtj-online.de/news/detail/1768/deutsch_turkisches_energieforum_setzt_auf_erneuerbare_energien.html, (06.04.2013).

[133] Vgl. Institut für ökologische Wirtschaftsforschung, „Analyse und Beurteilung der Türkei als Zielmarkt für den Export von Dienstleistungen durch deutsche Unternehmen im Bereich erneuerbarer Energien", Studie von Sascha Faradisch, (o. J.) S. 23 ff.

[134] Vgl. **Germany Trade and Invest** „Wirtschaftsdaten kompakt Türkei", November 2012, http://www.gtai.de/GTAI/Navigation/DE/Trade/maerkte,did=342088.html, (16.03.2013).

Schulden kontinuierlich jedes Jahr durch den notwendigen Ankauf ausländischer Energieressourcen vergrößert.

Der Konzern „British Petrol (BP) unterstrich in seinem Jahresbericht „BP Statistical Review of World Energy 2012" die stetige Erhöhung der türkischen Energienachfrage. Hier wird berichtet, dass während alle wichtigen europäischen Märkte, wegen des verhaltenem Wirtschaftswachstums, einen im Vergleich zum Vorjahr ausgesprochen milden Winter und den vermehrten Einsatz von Kohle zur Stromerzeugung einen klaren Nachfragerückgang an Erdgas im Jahr 2012 verzeichneten, die Türkei in diesem Zeitraum als einziger europäischer Markt eine zusätzliche Erdgasnachfrage von 17,3 % vermeldete. " [135]

Abschließend kann behauptet werden, dass die Türkei aktuell ein Energiesystem aufweist, welches nur funktioniert, indem zwei Drittel der Energieressourcen „kostenintensiv" zugekauft werden. Im Rahmen einer weiteren Industrialisierung und der Verteuerung der Energie durch Knappheit wird dieser Betrag mit großer Wahrscheinlichkeit noch weiter steigen. Dieses Kapital wird dann als Wertschöpfungs- und damit als Schuldenreduzierungspotenzial fehlen. Eine Energiewende, also auch eine schnelle 100%ige Versorgung durch alternative Energien, kann und wird mit größter Sicherheit zu einer dauerhaften und umfassenden wirtschaftlichen Entlastung der Türkei führen. Erst wenn der gegenwärtige Prozess zwischen Neuverschuldung, Schuldendienst und Energieimporten gestoppt wird, kann sich die Türkei gerade mit alternativen Energien entschulden und die Wirtschaftsentwicklung stabil halten.

Die türkische Regierung hat aufgrund dieser Umstände ab dem 30.09.2009 mit entsprechenden Gesetzen die ehemals langwierige Bürokratie und die Lizenz-Verordnung besonders für (ausländische) Investoren in der Energieerzeugung und -distribution vereinfacht.[136] Um die relativ hohe Importabhängigkeit zu verringern, wurden strategische Ziele gesetzt, wie beispielsweise die heimische Kohleförderung noch weiter auszuweiten, Energie aus regenerativen Energiequellen zu fördern und sogar auch der aktuell international „verschmähten" Kernenergie, welche bisher auf türkischem

---

[135] Ähnlich: **British Petrol**, "BP Statistical Review of World Energy 2012", (Juni 2012), S. 21 f.
[136] Vgl.
http://www.exportinitiative.de/onlinebestellbereich/detailansicht/?tx_ttproducts_pi1%5BbackPID%5D=316&tx_ttp
roducts_pi1%5Bproduct%5D=156&cHash=eb8aab042fdcff0d60affc59850d613a (13.03.2013)

Staatsgebiet nicht generiert wurde, einen Einstieg auf dem türkischen Energiemarkt zu gewähren.

Zudem sollen durch geeignete Maßnahmen das Bewusstsein aller türkischen Verbraucher in Sachen Energieeinsparung gestärkt, die Energieeffizienz landesweit in allen relevanten Bereichen gesteigert, sowie die hohen Stromverluste durch veraltete Systeme und sog. „Stromklau" verringert werden.[137]

3.4 Status der Energiepolitik

3.4.1 Liberalisierung der Energieversorgung

Die Energieversorgung in der Türkei lag in der Vergangenheit vollständig bei wenigen staatlich geführten Organisationen. Im Zuge der Adaption an die EU-Richtlinien ist gegenwärtig ein überwiegend privatwirtschaftlich gestalteter Energiemarkt mit mehreren Marktteilnehmern, insbesondere in den Bereichen der Produktion und Distribution von Elektrizität, vorzufinden

Zurückzuführen ist diese Entwicklung auf einige Liberalisierungsmaßnahmen in der Energiepolitik. So wurde bspw. im Rahmen der im Jahr 2001 verabschiedeten Elektrizitätsmarkt- und Gasmarktgesetze im selben Jahr auch die Energie-Regulierungsbehörde EPDK (Energy Market Regulation Authority/EMRA) gegründet. Die „EPDK" verfügt über die alleinige Zuständigkeit für die Regulierung und Aufsicht des gesamten Energiemarktes und erteilt auch Lizenzen für die Erzeugung, den Betrieb und den Handel von Elektrizität, Gas und Erdöl beziehungsweise deren Produkte.[138] Ergänzend hierzu wurde 2004 ein Strategieplan zur Privatisierung des Elektrizitätsmarktes veröffentlicht.

---

[137] Vgl. http://www.enerji.gov.tr/yayinlar_raporlar/Turkiye_Enerji_Politikalarimiz.pdf (26.03.2013).
[138] Vgl. http://www.gtai.de/GTAI/Content/DE/Trade/Fachdaten/PUB/2010/03.pdf, (22. 3.2013).

Abb. 28 Privatisierung des Stromnetzes (nach Provinzen) [139]

Zur Energiepolitik der derzeitigen Regierungspartei (AKP) gehört auch die vollständige Liberalisierung des Marktes für Stromerzeugung. Seit 2002, also dem Jahr, in dem sich die AKP in der Türkei etabliert hat, wurden Privatisierungen im Energiesektor vorangetrieben. Befanden sich im Jahr 2002 lediglich 34 % der installierten Kapazitäten in privater Hand, so betrug im Jahr 2011 dieser Anteil schon 52 %. Die Regierung hat seit 2002 insgesamt 50 Wasserkraftwerke durch Ausschreibungen an private Betreiber übergeben. Weiterhin sind aktuell 18 thermische und 28 weitere Wasserkraftwerke zur Ausschreibung freigegeben.

Es lasst sich abschließend festhalten, dass die bisherigen Privatisierungen für dringend notwendige Modernisierungen bei Energienetzwerken und Kraftwerken sorgten und den Wettbewerb in dem ehemals „statischen" Energiesektor belebten. Die Stromverteilung in der Türkei erfolgt aktuell über 21 regionale Vertriebsgesellschaften. [140]

---

[139] Quelle: modifiziert übernommen online von
http://www.enerji.gov.tr/yayinlar_raporlar/Dunyada_ve_Turkiyede_Enerji_Gorunumu.pdf)(22.03.2013).
[140] Vgl. GTAI „Strompreise in der Türkei haben sich deutlich erhöht", Artikel vom 25.06.2010 (o. V.) S. 2 f.

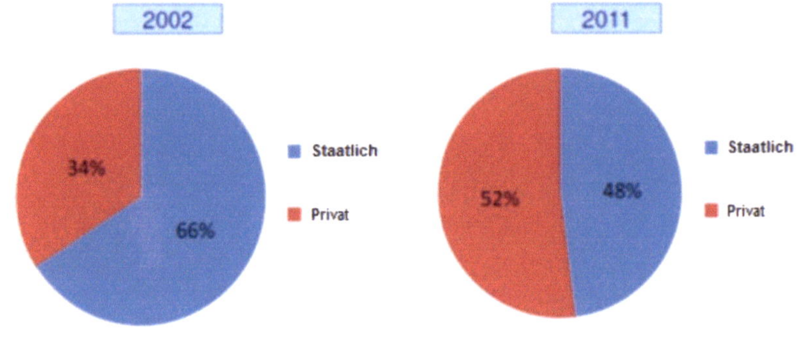

Abb. 29: Privatisierungsgrad der Verteilernetze (2002 und 2011)[141]

Die Infrastruktur des Energienetzes

Zur Infrastruktur des türkischen Stromnetzwerkes lässt sich festhalten, dass das Energienetz teilweise privatisiert ist. Allerdings ist die Privatisierung nur auf die innerstädtischen Stromnetze beschränkt. Stromnetze zwischen den Städten sowie ins Ausland befinden sich zurzeit noch in staatlicher Hand.[142] Es lässt sich festhalten, dass auch hier dringend Modernisierungen getätigt werden müssten, da auch das Stromnetzwerk veraltet und teilweise nicht in der Lage ist, größere Strommengen zu transportieren bzw. größere Mengen eingespeisten Stroms aufzunehmen.[143]

---

[141] Quelle: modifiziert übernommen online unter-
http://www.enerji.gov.tr/yayinlar_raporlar/Dunyada_ve_Turkiyede_Enerji_Gorunumu.pdf) (22.03.2013).
[142] Vgl. Lobert Partnerschaft Rechtsanwälte, Informationspräsentation von Bülent Bilaloglu, „Die rechtlichen Rahmen-bedingungen für Investitionen in Photovoltaikanlagen in der Türkei - Rechtliche Grundlagen und Einspeisungsgesetze", 07.September 2012.
[143] Informationen in Anlehnung an das Informationsgespräch mit dem Geschäftsführer eines Berliner Solarunternehmens.

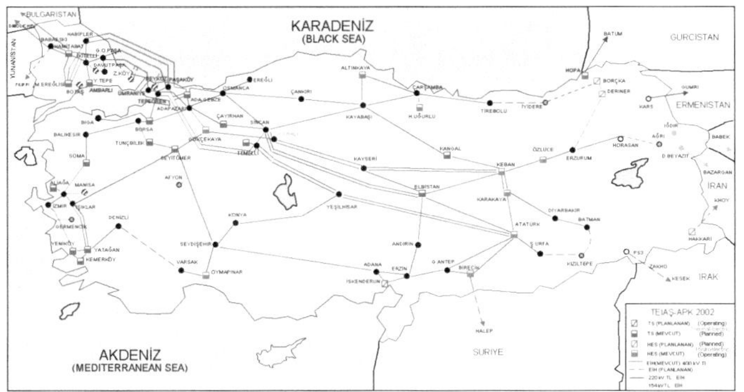

Abb. 30: Energienetzwerk der Türkei [144]

Anhand der Abb. Energienetzwerk der Türkei wird ersichtlich, dass die türkische Stromproduktion durch Kraftwerke vorwiegend in östlichen und südöstlichen Regionen des Landes stattfindet. Der Verbrauch der Energie jedoch, bedingt durch die Verbreitung der Industrie, liegt im Westen, vor allem im Großraum Istanbul. Für die Stromverteilung bzw. den Stromtransport werden in der Türkei überwiegend Starkstromtrassen mit einer Betriebsspannung von 380 kV und 154 kV verwendet. Im Jahre 2011 waren insgesamt 617 Einheiten in Betrieb, davon 78 Einheiten an 380-kV- und 524 Einheiten an 154-kV-Umspannwerken mit einer Gesamleitungslänge von 15.987,4 km bzw. 32.831,2 km. [145]

---

[144] Quelle: http://www.udo-leuschner.de/energie-chronik/051007g.gif, (13.03.2013).
[145] Vgl. http://www.teias.gov.tr/FaaliyetRaporlari.aspx (13.03.2013).

Art des Umspannwerks	Anzahl	Gesamtanzahl	Gesamtlänge (überirdisch)	Gesamtlänge (unterirdisch)	Gesamtanschlussleistung
380 kV	78		15.978,4 km	35,9 km	
220 kV	2	617	84,5 km	-	104.658 MWA
154 kV	524		32.831,2 km	184 km	
66 kV	13		509,4 km	3,2 km	

Tab. 4: Daten über das Elektrizitätsversorgungsnetz der Türkei (2011) [146]

Die großen Städte, welche sich vor allem im Westen befinden, sollen künftig eine bessere Anbindung an das nationale Netz erhalten. Hierfür werden gegenwärtig Stromleitungen im Schwarzmeergebiet ausgebaut. Im Osten des Landes hingegen ist die Reichweite auf größere Provinzhauptstädte begrenzt.

3.4.2 Strompreise

Ein großes Problem in der Elektrizitätswirtschaft bilden die Strompreise. Erst fünf Jahre nach Regierungsübernahme reagierte die Regierung auf die Forderungen der Kraftwerksbetreiber, die wegen der steigenden Erdgaspreise höhere Strompreise forderten, und erhöhte im Januar 2008 die Strompreise um rund 20 %. Mit Wirkung zum 01.10.08 wurde ein zuvor oftmals verschobenes automatisches Preissystem eingeführt.

Diese Preisgestaltung soll das Ziel verfolgen, die teilweise sehr oft betriebene indirekte Preissubventionierung von staatlichen Erzeugern zu verhindern und gleichzeitig einen wettbewerbsfähigen Preismechanismus einzuführen. Hierfür sollen die Preise des staatlichen Elektrizitätserzeugers TEÜAS, der staatlichen Elektrizitätsversorgungsgesellschaft TEDAS sowie der staatlichen beziehungsweise privatisierten Stromverteilungsunternehmen dreimal jährlich jeweils zum ersten April, Juli und Oktober eines Jahres auf Grundlage der Inflationsentwicklung der US-Dollar-Wechselkurse sowie der

---

[146] Eigene Darstellung in Anlehnung an: Geschäftsbericht 2011 der TEIAŞ, online unter
http://www.teias.gov.tr/FaaliyetRaporlari.aspx (13.03.2013).

Preise für Gas und Kohle neu kalkuliert werden. Das türkische Schatzamt soll hierbei die Koordination und Überwachung übernehmen. [147]

Die Strompreise waren in der Vergangenheit für „entwickeltere" Provinzen und sogenannte „Entwicklungsprovinzen" unterschiedlich. Seit der zunehmenden Privatisierung der ehemals staatlichen Versorger gelten ab 2006 landesweit einheitliche Stromtarife. Lediglich bei privaten Haushalten wird noch zwischen Entwicklungsprovinzen und „entwickelten" Provinzen durch eine geringfügige Unterscheidung beim Einheitstarif differenziert.

Für die Bereiche Industrie, Handel, Behörden, Büros gelten landesweit einheitliche Strompreise pro verbrauchte kWh (siehe Abb. Strompreise Industrie/Handel/Behörden/Büros/Privathaushalte (2012))[148] Für alle Verbraucher, die zusätzlich entsprechende Stromzähler installiert haben, können die Preise nach Tageszeiten differenziert werden.

Für die Zeit zwischen 6 und 17 Uhr (Mittagstarif) werden durchschnittliche Preise festgesetzt, von 22 bis 6 Uhr (Nachttarif) sind sie relativ günstig und zwischen 17 und 22 Uhr (Spitzenbelastungstarif), wo der Verbrauch am größten ist, liegen die Strompreise pro verbrauchter kWh am höchsten. Die folgende Tabelle gibt einen Überblick über die aktuellen Strompreise in der Türkei (Wechselkurs: 1 Euro = 2,33 TL)[149].

---

[147] Vgl. http://www.gtai.de/GTAI/Content/DE/Trade/Fachdaten/PUB/2010/03/pub201003188002_15056.pdf, (22.03.2013).
[148] Eigene Darstellung in Anlehnung an http://www.tedas.gov.tr/BilgiBankasi/Sayfalar/ElektrikTarifeleri.aspx (Strompreise Stand April 2012), (03.01.2013).
[149] Wechselkurs vom 03.03.2013.

Strompreise €-Cent/kWh	einheitlicher Tarif	Mittags- tarif 6 – 17 Uhr	Spitzen- belastung 17 – 22Uhr	Nachttarif 22 – 6 Uhr
Industrie (Schwachstrom)	10,57	10,51	16,63	6,11
Handel, Behörde, Büros	12,25	11,49	17,75	6,78
Private Haushalte	12,18	11,47	18,29	6,73

Tab. 5: Strompreise Industrie/Handel/Behörden/Büros/Privathaushalte (2012)[150]

Im Rahmen der Liberalisierung des Strommarktes haben Unternehmen, die mehr als 100.000 kWh pro Jahr verbrauchen, seit Januar 2010 die Möglichkeit, den Anbieter frei zu wählen. Die Option, seinen Stromversorger selber wählen zu können, belebte die Konkurrenz auf dem Markt. Private Energieunternehmen wie Zorlu Enerji, Akenerji, Enerjisa oder Eren Enerji arbeiten daran, sich speziell bei Industrieunternehmen und größeren Hotelanlagenbetreiber einen Kundenstamm aufzubauen, den sie bei zunehmender eigener Erzeugung beliefern können. Nach Presseberichten sind aktuell für Kunden bei einem Anbieterwechsel Preisabschläge von 5 – 30 % möglich.[151]

Die Preispolitik im Strommarkt wird jedoch weiterhin durch große Elektrizitätsverluste gekennzeichnet. Eines der größten Probleme für die Elektrizitätswirtschaft sind Stromverluste, die wegen modernisierungsbedürftiger Systeme, nicht gezahlter Gebühren der Endverbraucher und illegaler Netzanschlüsse verursacht werden. Besonders Großgrundbesitzer und sogenannte „Stromdiebe" in östlichen Regionen zahlen die Gebühren nicht. Im Jahr 2011 wurden insgesamt 101.335 nicht angemeldete Endverbraucher ermittelt und 53.663 davon wegen illegalen Strombezugs angezeigt. Die Distributionsverluste und Verluste durch illegalen Strombezug beliefen sich nach Angaben des Energieministeriums in dem Jahr auf 22.303 GWh, also fast 24,1 % der gesamten Stromerzeugung.[152] Der geschätzte Schaden von mehreren Mrd. Dollar muss dann mit Zuschüssen aus dem Staatshaushalt ausgeglichen werden.[153] Die staatliche Stromverteilergesellschaft „Tedas" gibt jedoch an, dass sich die Stromverluste dennoch innerhalb des internationalen Durchschnitts befänden. Dennoch müssen, auch im Hinblick darauf,

---

[150] Eigene Darstellung in Anlehnung an http://www.tedas.gov.tr/BilgiBankasi/Sayfalar/ElektrikTarifeleri.aspx (Strompreise Stand April 2012), (03.01.2013).
[151] Vgl. GTAI „Strompreise in der Türkei haben sich deutlich erhöht" vom 25.06.2010 (o.V.) S. 2f.
[152] Vgl. http://www.teias.gov.tr/KAPASITEPROJEKSIYONU2011.pdf, (13.03.2013).
[153] Vgl. http://www.gtai.de/GTAI/Content/DE/Trade/Fachdaten/PUB/2010/03/pub201003188002_15056.pdf, (24.03.2013).

dass die Türkei aktuell ihren nationalen Energiebedarf zum größten Teil mit „kostenintensiven" ausländischen Energielieferungen decken muss, diese Verluste künftig verringert werden. Im Vergleich hierzu gingen in Deutschland im Jahr 2012 lediglich rund 6 % durch technische Systemverluste der bereitgestellten Elektroenergie im Stromnetz verloren. [154] Die türkische Regierung hat sich zum Ziel gesetzt, die Verlustanteile bis zum Jahr 2015 bis zu 10 % zu senken. [155]

Jahr	Spitzenbelastung (MW)	Wachstum (%)	Stromnachfrage (GWh)	Wachstum (%)
2011	36 000	7.8	227 000	7.9
2012	38 400	6.7	243 430	7.2
2013	41 000	6.8	262 010	7.6
2014	43 800	6.8	281 850	7.6
2015	46 800	6.8	303 140	7.6
2016	50 210	7.3	325 920	7.5
2017	53 965	7.5	350 300	7.5
2018	57 980	7.4	376 350	7.4
2019	62 265	7.4	404 160	7.4
2020	66 845	7.4	433 900	7.4

Tab. 6: Entwicklung der Energienachfrage in der Türkei (2011 – 2020) [156]

Die Nachfrage nach Elektrizität stieg in der Türkei von 2002 bis 2012 jährlich um ca. 7 %.[157] Mit der Nachfrage erhöhte sich kontinuierlich auch der durchschnittliche Strompreis.

Auch in den kommenden Jahren wird bis 2020 eine jährliche Zunahme von durchschnittlich 7,3 % erwartet. Nach Angaben der TEIAS soll die Stromnachfrage bis zum Jahr 2020 auf ca. 434 TWh und damit zusammenhängend die Spitzenbelastung bis auf 66.845 MW steigen.

Äquivalent zur schnell wachsenden Bevölkerung und Volkswirtschaft ist der Strommarkt der Türkei zum siebtgrößten Energiemarkt in Europa geworden. Strategisch betrachtet kommt daher Investitionen in neue Kraftwerke eine große Bedeutung zu. Aber auch das bisher wenig genutzte Potenzial der erneuerbaren Energien bietet hierbei

---

[154]Vgl.
https://www.destatis.de/DE/ZahlenFakten/Wirtschaftsbereiche/Energie/Erzeugung/Tabellen/BilanzElektrizitaetsversorgung.html, (08.04.2013).
[155] Vgl. http://www.enerji.gov.tr/yayinlar_raporlar/Dunyada_ve_Turkiyede_Enerji_Gorunumu.pdf)(22.03.2013).
[156] Quelle: GTAI, "Türkische Energieplaner setzen auf Kohlekraftwerke" vom 22.10.11, Necip C. Bagoglu
[157] Vgl. GTAI „Strompreise in der Türkei haben sich deutlich erhöht", Artikel vom 25.06.2010 (o.V.) S. 1 f.

eine gute Alternativlösung, um die benötigten Kapazitäten zu decken und um in Zukunft womöglich günstiger an Strom zu kommen. [158]

3.4.3 Strategische Zielsetzung des Energieministeriums

Um der Abhängigkeit vor allem in Bezug auf bestimmte Energieträger aus anderen Ländern (v. a. Russland und Iran) entgegenzuwirken und eine Energiediversifizierung bei der Bedarfsdeckung zu erreichen, hat sich das Ministerium für Energie und Natur-ressourcen (ETKB) 2011 im Rahmen der künftigen Energiepolitik einige strategische Ziele gesetzt.

Laut Taner Yildiz, dem aktuellen türkischen Energieminister, sollen bis zum Jahre 2023 folgende Ziele umgesetzt werden.[159]

- Die installierte Gesamtkapazität soll auf 100.000 MW erhöht werden. Hierfür soll der Anteil der erneuerbaren Energien auf insgesamt bis zu 30 % gesteigert werden, vor allem, indem die Kapazitäten der Windkraft auf 20.000 MW, die der Solarenergie auf 3000 MW und die der Geothermie auf 600 MW gesteigert werden.

- Das gesamte Potenzial der thermischen Energie (Kohlekraftwerke) und der Wasserkraft (Staudämme etc.) soll ausgeschöpft werden.

- Jährlich müssen im Energiesektor mindestens Investitionen von 5 Mrd. Dollar getätigt werden.

- Der Privatisierungsgrad der Energieversorgungsunternehmen soll landesweit einen Anteil von 75 % erreichen.

- Weiterhin sollen Explorationen nach Erdöl und Erdgas im türkischen Territori-um stattfinden.

- Der Export von Bodenschätzen aus der Türkei, wie, Mineralien und Erzen, soll 20 Mrd. $ erwirtschaften.

- Drei geplante Kernkraftwerkeprojekte sollen realisiert und ans Netz angeschlos-sen werden.

---

[158] Vgl. http://www.gtai.de/GTAI/Content/DE/Trade/Fachdaten/PUB/2010/03/pub201003188002_15056.pdf, (24.03.2013).
[159] Vgl. http://www.enerji.gov.tr/yayinlar raporlar/Dunyada_ve_Turkiyede_Enerji_Gorunumu.pdf (22.03.2013).

Einige dieser strategischen Ziele sollen im Folgenden unter Beachtung der Fakten aus den vorigen Kapiteln analysiert und gedeutet werden.

Zunächst einmal soll zum ersten Mal in der türkischen Landeshistorie der Kernenergie in der Türkei Zugang geboten werden. In der Weltöffentlichkeit sind aktuell Kernkraftwerke besonders nach der Katastrophe in Fukoshima in Verruf geraten. Ähnlich wie Japan liegt auch die Türkei in einem seismologisch gefährdeten Erdbebengebiet. Viele Umweltschützer, wie Kumi Naidoo, internationaler Direktor der Umweltorganisation Greenpeace, kritisieren daher dieses „wahnsinnige Vorhaben", welches zudem mit dem umstrittenen russischen Atomkraftunternehmen „Rusatom" realisiert werden soll.[160] Angetrieben durch einen stetig wachsenden Energiebedarf und durch drohende Energieengpässe will die Regierung dennoch an den Atomkraftwerkprojekten festhalten. Das türkische Energieministerium geht davon aus, dass durch den Einsatz modernster Technik das Risiko durch Erdbeben reduziert werde Die geplanten Anlagen sollen nach Fertigstellung etwa 5 % der gesamten Stromerzeugung leisten. [161]

Zudem besteht die Hoffnung der Regierung, aufgrund fehlender eigener Uranvorkommen und eines relativ hoch eingeschätzten möglichen Vorkommens an radioaktiven „Thorium" in Höhe von 800.000 Tonnen in der Türkei die Möglichkeit zu bieten, die Kernkraftwerke grundsätzlich mit Thorium zu betreiben. [162] Dieses soll etwa 3- bis 4-mal häufiger als Uran auf der Welt vorkommen, ist dementsprechend kostengünstiger und letztendlich lässt sich aus einer Einheit Thorium erheblich mehr Leistung erzeugen als aus Uran. Überdies müsste kein teures Uran importiert werden, welches in einigen Jahren ausgeschöpft sein könnte. Thorium-Abfälle können zudem als Kernbrennstoff wiederverwendet werden und es fällt weniger Abfall an.[163] Aus diesen Gründen bleiben entgegen der öffentlichen Kritik drei Atomkraftwerke mit einer Gesamtkapazität von 5000 MW weiterhin in Planung. Bis spätestens 2015 sollen alle Reaktoren an das Stromnetz angeschlossen werden. Das Atomkraftwerk, welches an der südlichen

---

[160] Vgl. http://www.deutsch-tuerkische-nachrichten.de/2012/03/448040/greenpeace-international-chef-kumi-naidoo-tuerkei-sollte-mehr-auf-solar-und-windenergie-setzen/, (08.04.13).
[161] Vgl. GTAI (o. V.) „Konventionelle Kraftwerke tragen Hauptlast in der Türkei", Artikel vom 14.10.2011, online aufrufbar unter http://www.gtai.de/GTAI/Navigation/DE/Trade/maerkte,did=251150.html (08.04.2013)
[162] Vgl. http://www.chemie.de/lexikon/Thorium.html#Vorkommen (08.04.2013).
[163] Vgl. http://www.wallstreet-online.de/nachricht/5074722-rohstoffe-thorium-thorium-alternative-uran, (08.04.2013).

Mittelmeerküste in Mersin/Akkuyu in russisch-türkischer Partnerschaft gebaut wird, soll als erstes AKW ans Netz gehen. [164]

Als zweites wichtiges Ziel des Energieministeriums soll der aktuelle Kohleabbau noch weiter ausgebaut und weitere Wärme-Kraftwerke errichtet werden. Bis 2023 sollen in diesem Bereich Projekte im Wert von insgesamt 25 Mrd. US $ realisiert werden. Daher werden künftig heimische Braun- und Steinkohleressourcen weiter ausgeschöpft werden und eine noch wichtigere Bedeutung erlangen.

Kohle soll nach den Vorstellungen des Ministeriums für Energie und Naturressourcen bei der geplanten Diversifizierung des Energiesektors eine entscheidende Rolle spielen. Der Anteil der Kohle an der gesamten Elektrizitätserzeugung soll langfristig mindestens 30 % betragen. Es ist vorgesehen, dadurch den Anteil von Erdgas, welcher fast ausschließlich (aus Russland) importiert werden muss und aktuell ca. 50 % an der Energieproduktion ausmacht, bis zum Jahre 2023 („100 Jahre Türkische Republik") auf 30 % zu reduzieren. [165] Da zudem vor allem durch veraltete Kraftwerk- und Netzwerksysteme hohe Wärme- und Wirkungsgradverluste entstehen, soll weiterhin an diesen Stellen modernisiert werden. Darüber hinaus soll gegen illegale Abzweigungen des Stroms vorgegangen werden.

Das Energieministerium plant auch, die erneuerbaren Energiequellen in der Türkei noch weiter zu fördern. Besonders werden in den nächsten Jahren der Wasserkraft, der Windkraft sowie der Geothermie große Potenziale zugeschrieben.

Auf den Status des türkischen Energiemarktes hinsichtlich alternativer Energiequellen wird im nächsten Kapitel eingegangen.

---

[164] Vgl. http://www.spiegel.de/politik/ausland/atomkraft-in-der-tuerkei-die-unbeirrbaren-vom-bosporus-a-751013.html, (08.04.2013).
[165] Vgl. GTAI, „Türkische Energieplaner setzen auf Kohlekraftwerke", Artikel vom 22.10.2012 (o. V.)

4 Der Energiemarkt der erneuerbaren Energien in der Türkei

4.1 Status der erneuerbaren Energien

Wie auch in den vorigen Kapiteln erwähnt, weisen die erneuerbaren Energien (ausgenommen die Wasserkraft) im türkischen Energiemarkt sowohl bei der Nennleistung als auch in der Stromerzeugung gegenwärtig eher eine zweitrangige Bedeutung auf.

Energieträger	Biomasse	Wasserkraft	Geothermie	Wind	Sonne	Gesamt
lokale Produktionsmenge in MTOE	1091,4	4501,2	596,8	406,3	630	7225,7
Anteil an erzeugter Gesamtstrommenge in %	0,17	25,24	0,29	1,17	0	26,87

Tab. 7: Erneuerbare Energien – Stromerzeugungsanteile Türkei (2011) [166]

Anhand der obigen Tabelle kann entnommen werden, dass alle alternativen Energiequellen zusammen derzeitig einen Anteil von ca. 27 % an der Gesamtstromerzeugung ausmachen. Den Hauptanteil trägt jedoch die Wasserkraft mit fast 25,3 % an der Gesamtstromerzeugung. Der Grund des aktuell relativ hohen Anteils der Wasserkraft ist historisch, vor allem in der Realisierung des sogenannten Südost-Anatolien-Entwicklungsprojekts (GAP) begründet. Im Rahmen dieses Projektes wurden seit Ende der 80er Jahre speziell um die beiden Flüsse Euphrat und Tigris – viele Staudämme, landwirtschaftliche Bewässerungsanlagen und Wasserkraftprojekte errichtet. Die Projekte hatten zum Einen das Ziel, die großen Wasserkraftpotenziale der beiden Flüsse zu nutzen, und zum Anderen die Wirtschaft, insbesondere die Energie- und die Landwirtschaft, dieser „weniger entwickelten" Region im Südosten des Landes zu fördern. Der Umweltschutz war eher ein nachrangiger Gedanke.

Anhand der Tabelle lässt sich weiterhin Folgendes erkennen: Obwohl im Jahr 2011 die produzierte Sonnenenergie 630 MTOE betrug, konnte diese keinen „erwähnenswerten" Anteil an der erzeugten Gesamtstrommenge beitragen. Wie im vorigen Kapitel erwähnt, hatte sie fast keinen Anteil an der Gesamtkapazität (MW) bei der installierten Leistung.

---

[166] Eigene Darstellung in Anlehnung an das Statistiktool online aufrufbar unter:
http://www.enerji.gov.tr/EKLENTI_VIEW/index.php/raporlar/raporVeriGir/71073/2, (02.04.2013).

Dass der Anteil der Solarenergie bei der Stromerzeugung aktuell so gering ausfällt, lässt sich unter anderem damit begründen, dass eine Förderung der erneuerbaren Energien in der Türkei im Vergleich zu anderen europäischen Ländern wie Deutschland vergleichsweise „spät" gestartet wurde. [167] Erst 2011 trat ein Gesetz mit den heute aktuellen Einspeisevergütungstarifen und Regelungen zur Förderung der erneuerbaren Energien in Kraft.

Womöglich erscheinen zudem die derzeitigen gesetzlichen Voraussetzungen für die Nutzung der Solarenergie zur Stromproduktion noch nicht attraktiv genug für Investoren. Denn die gesetzlich festgelegte eher niedrige Einspeisevergütung von ca. zehn Eurocent pro kWh lässt vermuten, dass viele Investoren in Bezug auf die reine Profiterwartung augenscheinlich abgeneigt sein könnten, aktuell in eine PV-Anlage in der Türkei zu investieren. Auch Umweltschützer kritisieren die Einspeisevergütung für Solarenergie: „Es seien mindestens 24 Euro-Cent pro Kilowattstunde erforderlich, wenn der Solarenergiesektor in der Türkei ausgebaut werden soll." [168] Vor allem sei dies damit begründet, dass „Anlagen, die Solarenergie produzieren, in ihrer Herstellung vergleichsweise teuer sind". [169] „Mit den von der Türkei verabschiedeten Einspeisevergütungen sei es daher kaum möglich, Solarenergie profitabel zu erzeugen, auch wenn die geographischen Voraussetzungen in dieser Region ausgesprochen positiv sind."[170]

Mit größter Wahrscheinlichkeit wird sich aber auch dieser Sachverhalt in den nächsten Jahren ändern. Denn aktuell versuchen die Regierungspartei AKP und das Energieministerium aufgrund der stetig wachsenden Energienachfrage und der gefährlich hohen Abhängigkeit in Bezug auf viele für die Energieerzeugung wichtigen fossilen Energieträger mit allen Mitteln potenziellen Investoren hinsichtlich praktisch aller förderbaren konventionellen und alternativen Energieträger entgegenzukommen. Des Weiteren hat sich die Türkei strategisch das Ziel gesetzt, bis zum Jahr 2023 30 % des Energiebedarfs durch erneuerbare Energien zu decken. Jährlich werden hierzu Investitionen in Höhe von ca. 4 – 5 Mrd. € im Energiesektor notwendig sein, um diese Kapazitäten (3000 – 4000 MW jährlich) zur Energiegewinnung hinzufügen zu können. Ansonsten wird es

---

[167] Vgl. International Energy Agency, http://iea.org/stats/balancetable.asp?COUNTRY_CODE=TR, (05.04.2013).
[168] http://dtj-online.de/news/detail/1768/deutsch_turkisches_energieforum_setzt_auf_erneuerbare_energien.html, (05.04.2013).
[169] http://ema-hamburg.org/media/download_gallery/Mediterranes/2011/Heft_2/60_Mediterranes_6_2011.pdf (05.04.2013).
[170] ebd.

zu Energieversorgungsengpässen kommen. Denn bereits heute kann nur etwa ein Viertel des Energiebedarfs aus eigenen Rohstoffen gedeckt werden Daher wird sicherlich auch in irgendeiner Weise künftig den Investoren bei ihren Solarenergieprojekten entgegengekommen werden. [171]

Wird beispielhaft von den beiden heimischen „Zugpferden" ausgegangen, die in erster Linie für eine „türkische Energiewende" sorgen sollen, nämlich den heimischen Braunkohlevorkommen und dem Potenzial der Wasserkraft, so wird bspw. für das Jahr 2018 mit einem jährlichen Maximum von produzierter Braunkohleenergie in Höhe von 120 TWh und einer Wasserkraftenergie von 130 TWh kalkuliert. Diese Summe wird jedoch den in diesem Jahr prognostizierten Gesamt-Landes-Energiebedarf in Höhe von 357,2 TWh nicht decken können. Zusätzlich wird der Energiebedarf auch in den darauffolgenden Jahren kontinuierlich jährlich um ca. 7,5 % steigen (2023: 450TWh).

Ohne zusätzliche Unterstützung des Energiemarktes der erneuerbaren Energien werden diese ambitionierten Ziele und die geplante Energiediversifizierung nicht realisiert werden können. Dementsprechend muss deutlich mehr als bisher in die jahrelang in der Türkei „vernachlässigten" und „unterschätzten" erneuerbaren Energien, so auch in die Solarenergie, investiert werden. [172]

4.2 Der türkische Photovoltaik-Markt

Die geographische Lage des Landes bietet grundsätzlich eine sehr gute Ausgangsposition für alle alternativen Energien. Photovoltaik-Anlagen zur Erzeugung von elektrischem Strom sind allerdings bisher wenig verbreitet in der Türkei.

In der Vergangenheit wurden PV-Anlagen in der Türkei wenn überhaupt, dann als Insellösungen zur Selbstversorgung mit Strom genutzt. Das lag teilweise daran, dass eine Einspeisung von Strom aus Sonnenenergie mit einer netzgekoppelten Anlage vielen Interessenten noch nicht rentabel genug erschien. Die Einspeisung wurde nämlich von 2005 bis 2011 lediglich mit fünf Eurocent pro eingespeister kWh vergütet.

---

[171] Vgl. http://dtj-online.de/news/detail/1768/deutsch_turkisches_energieforum_setzt_auf_erneuerbare_energien.html, (05.04.2013).
[172] Vgl. GENSED, Informationspräsentation "Role of GENSED in Turkish Solar Industry and Regulatory Expectations" von Ismail Hakki Karaca, 2012.

Allerdings muss auch betont werden, dass das Thema nachhaltiger „Umweltschutz" bei vielen Bürgern bisher noch nicht so ausgeprägt war wie vergleichsweise in Westeuropa.

Vielerorts fehlten jahrelang aber auch die technischen Voraussetzungen für eine Einspeisung des Stroms. Zum Beispiel verhinderten nicht geeignete Stromnetze den Ausbau der Photovoltaik. Die Gesamtleistung der aktuell über das Land verteilten PV-Inselanlagen ist nicht genau bekannt. Schätzungen schwanken zwischen einem und etwa drei Megawatt. [173] Aktuell verfügen alle PV-Anlagen (insel- und netzgekoppelte Anlagen) insgesamt lediglich über Kapazitäten in Höhe von 6 MW (im Vergleich hierzu hat die BRD: 24.678 MW). [174] Durch eine zunehmende Privatisierung und Liberalisierung des ehemals staatlich-monopolistisch geprägten Energiemarktes und den dadurch entstandenen Wettbewerb sowie neue Gesetzgebungen werden sich auch die PV-Kapazitäten in den nächsten Jahren deutlich verändern.

In Bezug auf die Sonnenenergie muss jedoch auch darauf hingewiesen werden, dass eine Methode der Nutzung der Sonnenstrahlung in der Türkei, wie in vielen anderen Mittelmeeranrainerstaaten, schon seit den 70er-Jahren besonders weit verbreitet ist.

Es handelt sich hierbei um die Solarthermie, bei der die Sonnenenergie verwendet wird, um Warmwasser zu erzeugen. Überwiegend wird in der Türkei an den Mittelmeer- und Ägaisküstengebieten, in einigen Regionen in Zentralanatolien sowie in vielen Dörfern dieser Gebiete diese Methode bereits seit Jahren genutzt. [175] Insgesamt sind in diesen Regionen etwa 20 % der Haushalte mit Solarkollektoren ausgestattet. Die gesamte im Einsatz befindliche Flachkollektorenfläche beziffert das EIE mit 7,5 – 10 Mio. m^2. Laut EIE gibt es in der Türkei mehr als 100 Hersteller von Sonnenkollektoren. [176] Der Tourismussektor, vor allem an der Ägais und am Mittelmeer, ist hierbei der bedeutendste „Kunde" für entwickeltere Anlagen. In den Metropolen wie Istanbul und Ankara gibt es jedoch kaum entsprechende Systeme. [177]

Das System funktioniert nach einem simplen Prinzip. Ein Wassertank, der gut isoliert ist, wird je nach Bedarf mit 100 bis 500 Litern Fassungsvermögen auf das Dach des

---

[173] Vgl. http://www.photovoltaik.org/news/international/photovoltaik-der-tuerkei-grosses-potenzial-zur-12550, (05.04.2014).
[174] Vgl. http://fotoanaliz.hurriyet.com.tr/galeridetay.aspx?cid=64710&rid=4369&p=2, (06.04.2013).
[175] Vgl. http://www.energie-info-24.de/Angepasste%20Technologie/Wassererw%C3%A4rmung%20durch%20Sonnenenergie%20in%20der%20T%C3%BCrkei.htm, (06.04.2013).
[176] Vgl. http://www.exportinitiative.bmwi.de/EEE/Navigation/veranstaltungen,did=446060.html, (05.03.2013).
[177] Vgl. http://www.renewablesb2b.com/ahk_germany/de/portal/solar/marketstudies/show/977b5fde787a2505, (05.03.2013).

Hauses installiert. Auf der Sonnenseite des Daches wird ein Solarkollektor befestigt, der dank der auftreffenden Sonnenstrahlen das Wasser im Tank aufwärmt. Wegen der guten Isolation des Wassertanks ist das Wasser sogar auch nach mehreren Stunden noch angenehm warm.

Die genutzte Technik ist dabei jedoch weitestgehend auf dem technischen Stand der siebziger Jahre stehen geblieben. Dennoch ist diese preisgünstige Form der Energiegewinnung bei der Bevölkerung sehr beliebt und viele Bürger sind dieser Technik gegenüber äußerst aufgeschlossen. Es ist auch interessant in Erfahrung zu bringen, dass diese Methode – vor allem in den Dörfern – nicht primär wegen der Umweltfreundlichkeit angewendet wird, z. B. weil diese Verfahrensweise Holz oder fossile Brennstoffe überflüssig macht und viel Arbeit und Zeit spart, sondern aus dem einfachen Grunde, weil die meisten Dörfer jahrelang nicht am Energienetz angeschlossen waren bzw. mit ständigen Stromausfällen rechnen mussten. [178] Heutzutage werden in der gesamten Türkei ca. 420.000 TOE an Wärmeenergie durch solarthermische Anlagen generiert. Die Türkei gehört damit weltweit zu den Nationen mit den größten Kapazitäten im Solarthermiebereich. Die Solarthermiebranche beschäftigt aktuell 2000 Beschäftigte. Solarthemie-Produkte aus türkischer Produktion werden sogar in andere Länder exportiert. [179]

Womöglich könnten in Zukunft die Solarkollektoren durch modernere Solarmodule ersetzt werden, um neben Warmwasser auch nachhaltigen elektrischen Strom produzieren zu können.

4.3 Globalstrahlungspotenzial der Türkei

Die Türkei verfügt im Vergleich zu vielen anderen europäischen Ländern über ein hohes Potenzial zur Nutzung von Sonnenenergie (siehe Abb. "Globalstrahlung Europa"). Das gesamte Solarenergiepotenzial in der Türkei wird auf 1,3 Mrd. t Erdöläquivalent geschätzt. So kommt die Türkei im Jahr durchschnittlich auf 110 Sonnentage mit insgesamt 2.738 Sonnenstunden. Die Strahlungsintensität ist zudem relativ hoch und

---

[178] Vgl. Ipek (1997), S. 1 ff.
[179] Vgl. http://www.enerji.gov.tr/index.php?dil=tr&sf=webpages&b=gunes&bn=233&hn=&nm=384&id=40695 (05.03.2013).

beträgt 1.311 kWh/m² pro Jahr, was einen Tagesmittelwert von 4,2 kWh/m² bzw. 7,5 Stunden Sonneneinstrahlung ausmacht.

Die mögliche Stromerzeugung für PV-Anlagen wird auf 650 – 700 TWh pro Jahr geschätzt. [180] Die gesamte Fläche, welche in der Türkei für Photovoltaik-Anlagen mit einer durchschnittlichen Bestrahlung von > 1650 kWh/m² realisierbar wäre, beträgt 4600 km². Aktuell werden pro Jahr 9.8 MTOE an Sonnennutzenergie gewonnen, doch auf Basis der angeführten Zahlen wäre sogar eine jährliche Ausbeute von ca. 26,2 MTOE möglich. [181]

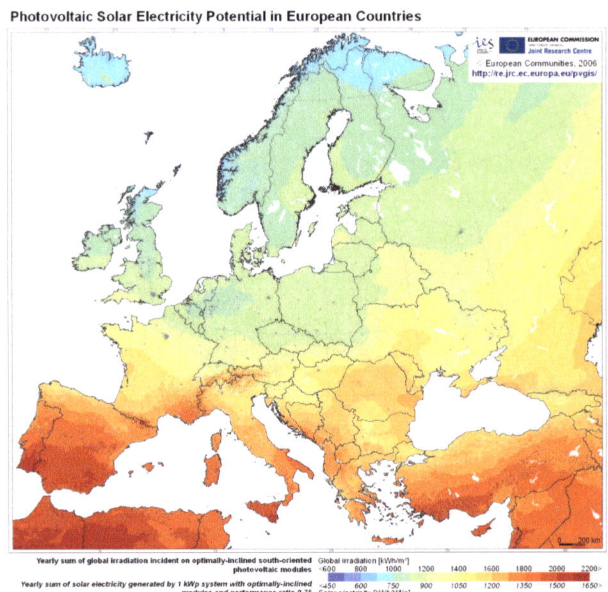

Abb. 31: Globalstrahlung Europa [182]

In der Türkei haben vor allem Anatolien und die Mittelmeerregion beste Voraussetzungen für das effiziente Betreiben von PV-Anlagen.

Da die geografischen Unterschiede durch Städte, Flusstäler, Gebirge, ländliche Gebiete etc. zu starken lokalen Abweichungen führen können, sollten für die Planung von PV-

---

[180] Vgl. **Eclareon GmbH** (2012) Der türkische Photovoltaikmarkt Status & Perspektiven; Präsentation von Christian Grundner (Project Manager Market Intelligence), September 2012.
[181] Vgl. www.Günessistemleri.com, (20.03.2013).
[182] Quelle: http://www.windsonne-alternativeenergien.de/en/pvmaps.html, (13.03.2013).

80

Systemen rechtlich verbindliche gutachterliche Bewertungen und verlässliche Einstrahlungsstatistiken eingeholt werden.[183]

Das staatliche Forschungszentrum für das Elektrizitätswesen (EIE-Elektrik İşleri Etüt İdaresi) führt aus diesem Grund seit 1982 in mehreren Städten bzw. Orten in der Türkei zeitlich auf jeweils fünf Jahre begrenzte Messungen zur genaueren Potenzialbestimmung durch und hat einen Sonneneinstrahlungsatlas mit der Kurzbezeichnung „GEPA" herausgegeben. Das „GEPA" verdeutlicht die unterschiedlichen Solarstrahlungsgebiete der Türkei.

Die „sonnenreichsten" Provinzen (in Klammern) in den Hauptregionen der Türkei sind demzufolge:[184]

- Südwestanatolien (Muğla, Aydın, Denizli)
- Mittelmeerregion (Antalya, Mersin, Adana, Burdur, Isparta)
- Zentralanatolien (Konya, Niğde, Kayseri, Malatya)
- Ostanatolien (Erzurum, Erzincan, Van, Ağrı)
- Südostanatolien (Hakkari, Sanlıurfa, Kahramanmaras)

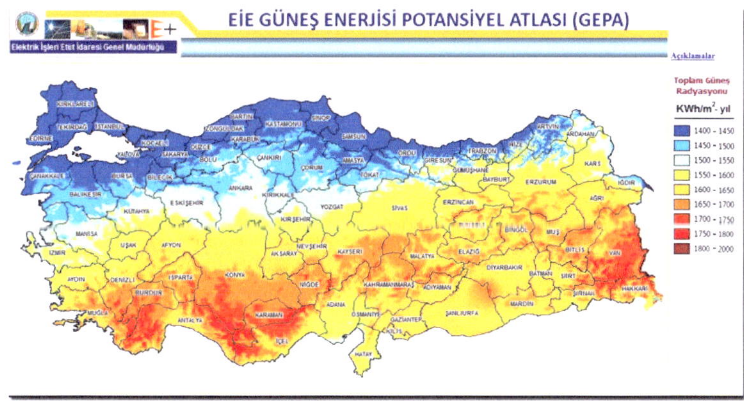

Abb. 32: GEPA-Sonnenstrahlungskarte – Türkei[185]

An der Spitze der Liste der sonnenintensivsten Gebiete stehen die Provinzen Van mit durchschnittlich 7,43 Sonnenstunden und Konya mit 7,29 Sonnenstunden pro Tag.

---

[183] Vgl. Wagner (2007), S. 26 ff.
[184] Vgl. http://www.dtr-ihk.de/fileadmin/ahk_tuerkei/Dokumente/ODA37.pdf, (13.03.2013).
[185] Quelle: http://www.eie.gov.tr/MyCalculator/Default.aspx, (13.03.2013).

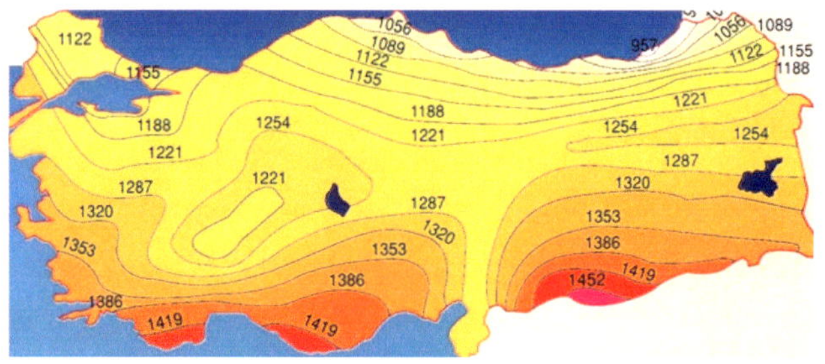

Abb. 33: Solarstrahlungswerte – Türkei (Jahreswerte nach Zonen)[186]

Anhand der Abb. „Solarstrahlungswerte – Türkei (Jahreswerte nach Zonen)", welche die Sonneneinstrahlung in gekennzeichneten Zonen mit detaillierten Wertkennlinien näher darstellt, lassen sich Gebiete mit sogar jährlichen Sonnenstrahlungsintensitäten bis zu 1452 kWh/m^2 erkennen. Vor allem die Grenzgebiete an Syrien und Irak und die Küstenregionen am Mittelmeer weisen hierbei überdurchschnittliche Werte auf.

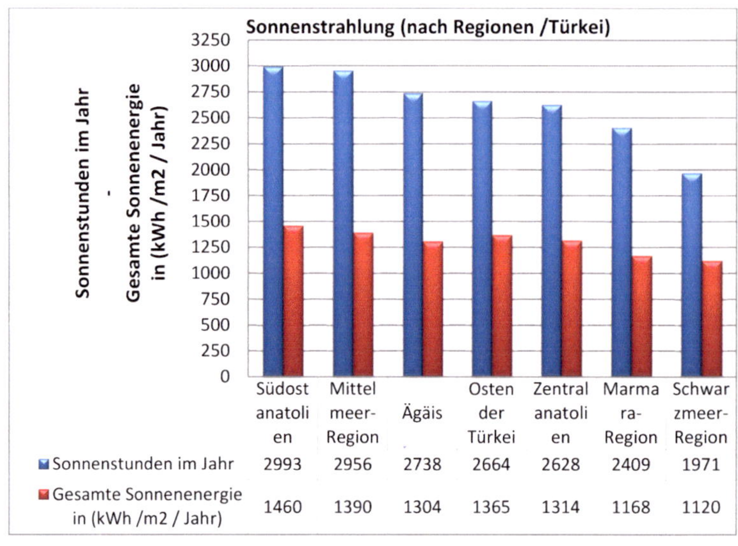

Abb. 34: Sonnenenergie und Sonnenstunden - Türkei (Jahreswerte nach Hauptregionen) [187]

Die obere Grafik gibt einen Überblick über die jährlichen Sonnenstunden und die Sonnenstrahlungsintensität in sieben verschiedenen Hauptregionen der Türkei.

---

[186] Quelle: http://www.gunessistemleri.com/potansiyel.php, (23.03.2013).
[187] Eigene Darstellung in Anlehnung an http://www.eie.gov.tr/eie-web/turkce/YEK/gunes/tgunes.html (09.03.2013).

Es lässt sich erkennen, dass vor allem Südostanatolien, die Mittelmeer- und Ägäisregion mit 2.993, 2.956 bzw. 2.738 Sonnenstunden die höchsten Werte im Jahresdurchschnitt aufweisen. Auch die anderen türkischen Regionen zeigen vergleichsweise hohe Werte für die Sonnenstunden im Jahr. Lediglich die Schwarzmeerregion hat türkeiweit niedrige Sonnenstunden von 1.971 Stunden im Jahr.

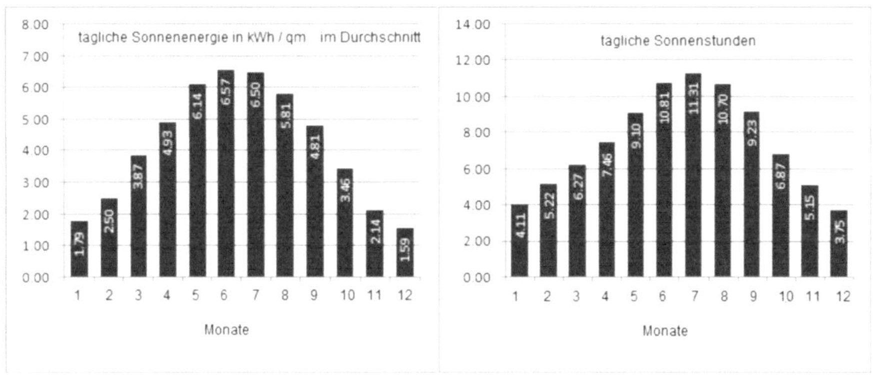

Abb. 35: Sonnenenergie und Sonnenstunden - Türkei (Tageswerte nach Monaten) [188]

Interessant ist es auch zu erfahren, wie sich die Sonnenstrahlungsintensitäten innerhalb eines Jahres verteilen. Nach den Diagrammen des türkischen Instituts für Studien zur Stromerzeugung EIE (Elektrik İşleri Etüt İdaresi) lassen sich die durchschnittlichen Sonnenstunden und Sonnenintensitäten innerhalb eines Jahres untergliedert nach einzelnen Monaten erkennen. Hierbei ist zu sehen, dass der Zeitraum mit der höchsten Sonnenbestrahlung und den längsten Sonnenstunden besonders in den Monaten Mai bis Ende August liegt. In den Monaten Mai bis Ende Juli wird eine Sonnenstrahlungsintensität von 6,14 – 6,50 kWh /m^2 (ø) verzeichnet, wohingegen die Tage mit den meisten Sonnenstunden (ø) in den Monaten Juni bis Ende August liegen, und dies mit ca. 10,81 – 11,31 Stunden (ø).

Zusammenfassend lässt sich sagen, dass die Türkei aufgrund der Menge der Sonnenstunden ohne Zweifel eine sehr gute Voraussetzung für den Einsatz von Photovoltaik-Anlagen bietet.

Da die Regierung auch wegen der geplanten Energiedifferenzierung und der geplanten Ausweitung der alternativen Energiequellen den Einsatz von PV-Anlagen fördern will,

---

[188] Eigene Darstellung in Anlehnung an http://www.eie.gov.tr/MyCalculator/Default.aspx, (08.03.2013).

erließ sie nach dem Muster des europäischen EEG, Gesetze, welche die staatliche Subvention von PV-Anlagen beinhalten, und sie ließ durch Messungen geeignete türkische Gebiete für den Einsatz von PV-Anlagen ermitteln und veröffentlichte einen Bericht, wonach in 27 Provinzen Netzeinspeisungspunkte empfohlen werden.[189] Dieser Sachverhalt und die gesetzlichen Rahmenbedingungen werden im Folgenden erläutert.

4.4 Energiepolitische Rahmenbedingungen für erneuerbare Energien in der Türkei

"It is our mission to ensure efficient, effective safe and environment-sensitive use of energy and natural resources in a way that reduces external dependency of our country, and makes the greatest contribution to our country's welfare." [190]

Das Türkische Ministerium für Energie und Naturressourcen (ETKB)

Das Ministerium für Energie und natürliche Ressourcen der Türkei ist das ETKB (Enerji ve Tabii Kaynaklar Bakanlığı). Diese Institution ermittelt den kurz- bis langfristigen Energiebedarf des Landes, um erforderliche Maßnahmen bzw. geeignete Strategien zu entwickeln. Es beabsichtigt, durch nachhaltige und ökologische Strategien die Energieressourcen effizienter, effektiver und sicherer einzusetzen, die Importabhängigkeit zu reduzieren und hiermit zum Wohl des Landes beizutragen. Der seit dem 1. Mai 2009 amtierende Energieminister ist *Taner Yıldız*.[191]

4.4.1 Gesetzgebungen für den Betrieb von Photovoltaik-Anlagen

Die Türkei ist aktuell eine der am schnellsten wachsenden Volkswirtschaften der Welt. Doch bringt dieses stetige Wachstum auch einen enormen Energiebedarf mit sich, der größtenteils durch „kostenintensive" Energieimporte gestillt werden muss. Im Rahmen einiger Gesetzgebungen wurden daher Rahmenbedingungen geschaffen, um die Energiegewinnung aus erneuerbare Energien zu fördern. Gegenwärtig können demnach (auch ausländische) Investoren in PV-Anlagen in der Türkei investieren und erhalten staatlich garantierte Einspeisevergütungen.

---

[189] Vgl. enerji.gov.tr/duyurular/Gunes_Enerjisi_Duyurusu.pdf, (06.02.2013).
[190] http://www.enerji.gov.tr/index.php?dil=tr, (20.03.2013).
[191] Vgl. http://www.enerji.gov.tr/yayinlar_raporlar/ETKB_2010_2014_Stratejik_Plani.pdf, (13.03.2013).

In einem kurzen Überblick werden die wesentlichen Gesetzgebungen in Bezug auf die erneuerbaren Energien und speziell die Photovoltaik aufgelistet und anschließend erläutert:

Die wesentlichen staatlichen Zielsetzungen des ETKB und der Regierung, um die Energiegewinnung aus alternativen Energien zu fördern, sind im **Strategiebericht „Elektrische Energie und Sicherheitsstrategie" vom 18. Mai 2009** festgehalten. [192]

Die beiden grundlegenden strategischen Ziele lauten:

- Die Erweiterung der Sonnenenergieproduktion und Ausschöpfung des Potenzials

- Die Energieproduktion aus erneuerbaren Quellen auf mindestens 30 % der Gesamtenergieproduktion bis zum Jahr 2023 erhöhen

Relevante Gesetze zur Umsetzung der gesetzten Ziele sind: [193]

- Gesetz zur Ausführung der Produktion von Energie durch erneuerbare Quellen Nr. 5346 vom 10.05.2005

- Gesetz Nr. 6094 vom 08.01.2011 (Zusatz zu Nr. 5346 mit aktuellen Einspeisevergütungen)

- Gesetz zum Energiemarkt Nr. 4628 vom 20.02.2001

- Das Gesetz für ausländische Direktinvestitionen (ADI) Nr. 4875 vom 05.06.2003

- Gesetz zur Energieproduktivität Nr. 5627 vom 14.08.2007

- Gesetz Nr. 5784 vom 09.07.2008 (Energiemarktgesetz und Gesetz mit Änderungsankündigungen in Bezug auf das vorherige Gesetz)

Relevante Verordnungen und Richtlinien zur Umsetzung der gesetzten Ziele sind: [194]

- Lizenzverordnung des Energiemarkts

- Verordnung zur Unterstützung und Zulassung erneuerbarer Energiequellen

- Verordnung zur genehmigungsfreien Energieproduktion

---

[192] Vgl. **GENSED**, Informationspräsentation "Role of GENSED in Turkish Solar Industry and Regulatory Expectations" von Ismail Hakki Karaca, 2012

[193] Vgl. Lobert Partnerschaft Rechtsanwälte, Informationspräsentation von Bülent Bilaloglu, „Die rechtlichen Rahmenbedingungen für Investitionen in Photovoltaikanlagen in der Türkei - Rechtliche Grundlagen und Einspeisungsgesetze", 07.September 2012.

[194] Vgl. http://www.hukuk24.com/yenilenebilir_enerji.htm; (13.04.2013).

- Verordnung zu Anlagen, die mit Sonnenenergie Elektrizität herstellen
- Festsetzung der Messstandards bei Genehmigungsanträgen für Wind- und Solar-
  energieanlagen

Das Energiemarktgesetz Nr. 4628, welches am 20.02.2001 durch das türkische Parlament („Große Nationalversammlung der Türkei" – „Türkiye Büyük Millet Meclisi") ratifiziert wurde, schafft den Rahmen für alle Aktivitäten auf dem Energiemarkt in der Türkei. Das Gesetz wurde mit dem Ziel, einen freien Energiemarkt zu bilden verabschiedet und löste damit das staatliche BOT-Modell (Build-Operate-Transfer) ab.[195] Das Gesetz sieht die Privatisierung des Energiemarktes vor, mit der Ausnahme des Bereichs des Energietransports, der weiterhin in staatlicher Hand bleiben soll.[196]

Für die Koordination des Energiemarktes wurde die Regulierungsbehörde EPDK (Energy Market Regulatory Authority – „EMRA"), gegründet. Die EPDK hat die Aufgabe, staatliche Anfragen zum Bau und Betrieb von Anlagen zur Stromerzeugung, unabhängig von fossiler oder erneuerbarer Energiegewinnung, zu kontrollieren und erteilt die entsprechenden Lizenzen. Folglich haben seitdem private sowie ausländische Energieversorgungsunternehmen die Möglichkeit, Lizenzen zur Stromerzeugung zu erwerben, die den Anforderungen des türkischen Handelsgesetzbuches entsprechen. In der Regel werden die Grundstücke zum Anlagenbau meist an die Stromproduzenten verpachtet und in das Grundbuch eingetragen. Die Pachtzeit gilt ab dem Zeitpunkt der Lizenzerteilung. Kommt es zu einer Projektanfrage bzw. zu einem -antrag, so beauftragt die EPDK die türkische Elektrizitätsübertragungsgesellschaft (TEIAŞ) und die regionalen Verteilergesellschaften mit der fachlichen Auskunft über den projektbezogenen Netzanschluss und die mögliche Einspeisekapazität. Durch das Gesetz Nr. 4628 sollen Investitionen im Bereich erneuerbare Energien gefördert, der Ausbau der Energiegewinnung auf dem Sektor vorangetrieben und Fördermaßnahmen ausgebaut werden.[197]

Den technischen Ablauf der Antragstellung auf Lizenzerteilung bei Anlagen zur Stromerzeugung aus Wind- und Solarenergie beinhaltet ein Gesetz aus dem Jahre 2002, das sogenannte „Gesetz für Wind- und Solarmessungen". Hier sind unter anderem der

---

[195] BOT (Build Operate Transfer): ist ein Betreibermodell, welches auf Projekte angewendet wird, bei denen ein privates Unternehmen über eine Konzessionsvergabe nahezu vollständig die Erfüllung einer öffentlichen Aufgabe übertragen bekommt.

[196] Vgl. http://openpr.de/drucken/307805/Herkoemmliche-Energiegewinnung-und-alternative-Energien.html, (06.04.2013).

[197] Vgl. http://www.teias.gov.tr/hakkimizda.htm (07.04.2013).

Nachweis lückenloser Messungen in einem Zeitraum von über einem Jahr sowie die technischen Messdetails und -standards vorgeschrieben.

Das Gesetz Nr. 6094 sieht vor, dass stromeinspeisende Anlagen ab sofort auch in besonders geschützten Zonen, wie in Nationalparks, Naturparks, Natur,- Wald-, Wildschutzgebieten, errichtet werden dürfen; das zuständige Ministerium bzw. bei Naturschutzgebieten ist der regionale Schutzrat anzuhören. Hierbei soll ein Plan derjenigen Regionen erstellt werden, die für die Gewinnung besonders geeignet sind. Die genaue Vorgehensweise zu deren Identifikation, Bewertung, aber auch ihrem Schutz und Gebrauch wird in einer Verordnung geregelt. [198] Diese Maßnahme wurde in das Gesetz integriert, da in der Vergangenheit mehrere Anlagenprojekte an diesen gesetzlichen Naturschutzvorschriften scheiterten. Inwieweit die neue Regelung einem Normenkontrollverfahren beim Verfassungsgericht standhalten wird, lässt sich zum jetzigen Zeitpunkt nicht absehen und führt daher unter den Marktteilnehmern zu Rechtsunsicherheit.

Seit 2002 gilt zudem die „Lizenzverordnung des Energiemarkts", welche die nationalen Subventionen und Unterstützungsmaßnahmen regelt. Demnach ist die Elektrizitätsverteilungsgesellschaft *TEIAŞ* verpflichtet, einen prioritären Netzzugang für stromerzeugende EE-Anlagen sicherzustellen.

Interessant für ausländische Investoren ist das Gesetz Nr. 4875, das sogenannte „Gesetz für ausländische Direktinvestitionen (ADI)". Es trat am 5. Juni 2003 in Kraft und sieht Investitionserleichterungen für ausländische Unternehmen vor.

Diese Investitionserleichterungen sind im Artikel 3 des Gesetzes geregelt, wo auch Diskriminierungsverbote gegenüber ausländischen Investoren zu finden sind. Wichtige Reformen der aktuellen Rechtslage betreffen die Aufhebung einer gesondert erforderlichen Investitionsgenehmigung für „Ausländer" beim Generaldirektorat für ausländische Investitionen im Staatssekretariat für Schatzwesen und die Mindestkapitalanforderungen bei der Gründung von Kapitalgesellschaften, die sich nun nach den Vorschriften des allgemeinen Gesellschaftsrechts richten.

Demnach erfordert die Gründung einer GmbH (in der Türkei in der Form der Ltd.) nun 5.000,- TL (etwa 2.130 Euro) und einer AG (in der Türkei in der Form der Anonim

---

[198] Vgl. http://ema-hamburg.org/media/download_gallery/Mediterranes/2011/Heft_2/60_Mediterranes_6_2011.pdf, (05.04.2013).

Sirket) 50.000,- TL (etwa 21.300 €).[199] Der Artikel 3 beinhaltet auch den Schutz ausländischer Investoren vor einer entschädigungslosen Enteignung und die Gewährleistung des freien Kapitalverkehrs ins Ausland. Zudem haben nach dem Gesetz ausländische juristische Personen genauso wie „heimische" Investoren mit den jeweiligen Voraussetzungen das Recht auf den Erwerb von Immobilien. Bei Streitfällen über privatrechtliche Absprachen mit der öffentlichen Hand steht den Investoren schließlich der Rechtsweg zu den ordentlichen Gerichten oder zu einem Schiedsgericht offen.[200]

Das ADI-Gesetz definiert zudem die Begriffe „ausländischer Investor" und „ausländische Direktinvestitionen". Demnach werden diejenigen natürlichen Personen als ausländische Investoren bezeichnet, die eine ausländische Staatsangehörigkeit besitzen, und auch türkische Staatsangehörige, die ihren gewöhnlichen Aufenthalt im Ausland haben. Als ausländische Investoren gelten ebenfalls juristische Personen, deren Gründung sich im Rahmen einer ausländischen Rechtsordnung vollzog. Zu den weiteren Reformen bzw. Grundsätzen des Gesetzes gehört auch die freie Wahl der Unternehmensbezeichnung.

Zusammenfassend hat das „ADI-Gesetz" folgende Zwecke:[201]

- Fördern ausländischer Direktinvestitionen in der Türkei
- Schutz von Investorenrechten
- Angleichen von Investoren und Investitionen an internationale Standards
- Einrichten eines auf Benachrichtigungen anstelle von Genehmigungen aufbauenden Systems für ADI
- Erhöhen der Investitionen durch Ausländer durch vereinfachte Richtlinien und Verfahren

Ziele des neuen ADI-Gesetzes zu Arbeitsgenehmigungen für Ausländer:

- Regulieren der von Ausländern durchgeführten Arbeit
- Darlegen der Regeln der ausgehändigten Arbeitserlaubnis für „Ausländer"

Die „Verordnung zur Implementierung des ADI-Gesetzes" umfasst die Spezifizierung der Verfahren und Grundsätze für die im ADI-Gesetz niedergelegten Sachverhalte.

---

[199] Stand des Wechselkurses: (13.04.2013)
[200] Vgl. http://www.mevzuat.adalet.gov.tr/html/1251.html, (22.04.2013).
[201] Vgl. http://www.invest.gov.tr/de-DE/investmentguide/investorsguide/Pages/BusinessLegislation.aspx (22.04.2013).

Auch das Energie-Effizienz-Gesetz Nr. 5627, welches am 2. Mai 2007 in Kraft trat, sieht eine Verbesserung des Rechtsrahmens und den Abbau bürokratischer Hemmnisse speziell für ausländische Investoren vor. Mit diesem Gesetz soll die Gleichstellung in- und ausländischer Investoren erreicht und gefördert sowie die Attraktivität der Energiegewinnung durch erneuerbare Energien gesteigert werden. [202]

Das primäre Ziel dieses Gesetzes besteht darin, verschiedene Verfahren und Grundsätze zur Steigerung der Energieeffizienz in der Industrie, im Gewerbe, in Gebäuden, in der Stromerzeugung und in anderen Bereichen festzulegen. Die finanzielle Unterstützung von Energieeffizienzmaßnahmen bildet somit einen zentralen Inhalt des Gesetzes, welches wichtige Anreize für Investitionen in neue Technologien zur „effizienten Nutzung von Energie, Vermeidung von Energieverschwendung, Verringerung der Energiekostenbelastung der Wirtschaft sowie den Schutz der Umwelt" schaffen soll. [203]

Die in den letzten Jahren stark expandierende türkische Industrie zeigt in diesem Zusammenhang den größten Anteil am Energieverbrauch. Dementsprechend besteht vor allem in diesem Sektor ein großes Einspar- und Optimierungspotenzial. Aber auch andere Wirtschaftssektoren, Bürger und Bürgerinnen, welche bisher nicht so ein ausgeprägtes Verständnis für Umweltschutz, wie beispielsweise in Deutschland, entwickelt haben, sollen zu einem nachhaltigen „Energieumgang" motiviert werden.[204]

Am 09.07.2008 wurde das Gesetz Nr. 5784 verabschiedet, welches auf Änderungen einiger voriger Gesetzesinhalte des bisherigen Elektrizitätsmarkts abzielt. Beispielsweise wurde die unbedingte Lizenzpflicht für „Klein-PV-Anlagenbetreiber" mit einer Kapazität bis 1 MW aufgehoben.

Bis zum Jahr 2023 soll mit Hilfe dieser Gesetze, Richtlinien und Verordnungen der aktuelle türkische Energiemarkt grundlegend verändert und der Energiebedarf zu 30 % aus erneuerbaren Energien gedeckt werden.

---

[202] Vgl. http://www.business-on.de/gte/studie-ueber-herkoemmliche-energiegewinnung-und-alternative-energien-in-der-tuerkei_id983.html (12.04.2013).
[203] Vgl. http://www.renac.de/referenzen/exportinitiative-energieeffizienz-2011/ (12.04.2013)
[204] Vgl. http://www. wirtschaftsblatt.at/home/schwerpunkt/dossiers/klimaschutz/tuerkei-ratifiziert-kyoto-protokoll-361130/index.do, (12.04.2013).

4.4.2 Staatliche Einspeisevergütungssätze

Die beiden wesentlichen Gesetze, die maßgeblich für Investoren in Bezug auf Einspeise-vergütungen sind, sind das Gesetz Nr. 5346 vom Mai 2005 und das Gesetz Nr. 6094 vom Januar 2011, welches grundlegende und aus Investorensicht notwendige Änderungen am Gesetz Nr. 5346 vornahm.

Die Grundlage für die erstmalige Festlegung bestimmter Einspeisevergütungen für die Einspeisung von Strom aus Anlagen, welche mit alternativen Energien betrieben wurden, bildet das Gesetz Nr. 5346 vom Mai 2005. Damals galt eine einheitliche Einspeisevergü-tung in Höhe von fünf Eurocent pro Kilowattstunde für alle alternativen Energien. [205]

Da die Einspeisevergütung dieses Gesetzes im Vergleich zu vielen anderen europäi-schen Ländern mit einem ähnlichen EEG deutlich unter dem üblichen Einspeisetarif lag und sich kaum Investoren fanden, um in der Türkei im Bereich erneuerbare Energien zu investieren, wurde eine Gesetzesänderung im Jahr 2011 vorgenommen.So brachte das am 08.01.2011 ratifizierte Gesetz Nr. 6094 grundlegende und notwendige Gesetzesän-derungen am bisher geltenden Gesetzes Nr. 5346. Vor allem die Abnahmevergütungen wurden verändert und deutliche Richtlinien und Neuerungen bei der Investition und Errichtung von Anlagen eingebaut. Gegenwärtig beinhaltet es somit die wichtigsten Gesetzesänderungen im Bereich der alternativen Energien im Rahmen der türkischen Energiepolitik.

Die Einspeisevergütungen für erneuerbare Energien wurden grundlegend reformiert. Das Gesetz Nr. 6094 beschreibt die neuen Einspeisungsvergütungssätze für die Einspei-sung von elektrischem Strom aus verschiedenen erneuerbaren Energiequellen. Die aktuellen Einspeisevergütungssätze pro eingespeiste kWh lauten: [206]

---

[205] Vgl. TBMM Gesetz Nr. 5094 „Gesetz zur Nutzung erneuerbarer Energiequellen zur Stromerzeugung", in der Fassung vom 10.05.2005 online unter http://www.tbmm.gov.tr/kanunlar/k5346.html, (13.04.2013).
[206] Stand des Wechselkurses: (13.04.2013).

Erneuerbare Energie	Grundvergütung US-Dollarcent/Euro-Cent/kWh	Max. Bonus-Vergütung US-Dollarcent/Euro-Cent/kWh
Wasserkraft	7,3 / 5,6	2,3 / 1,7
Windenergie	7,3 / 5,6	3,7 / 2,8
Geothermie	10,5 / 7,9	2,7 / 2,0
Biomasse	13,3 / 10	5,6 / 4,3
Sonnenenergie	13,3 / 10	6,7 / 5,1

Tab. 8: Einspeise-, und Bonusvergütungen für Strom aus erneuerbaren Energien – Türkei (2013) [207]

Anhand der Tabelle ist zu erkennen, dass für eine Kilowattstunde produzierten Strom aus Wasserkraft und Windenergie 7,3 US-Cent und für Strom aus Geothermie-Anlagen eine Einspeisevergütung von 10,5 US-Cent vorgesehen sind. Der Vergütungssatz für Strom aus Biomasse und Photovoltaik-Anlagen ist mit 13,3 US-Cent pro kWh am höchsten dotiert.

Sinn und Zweck der Festsetzung der Einspeisevergütung in US-Dollar liegen darin, die Einspeisevergütung nicht den Kursschwankungen der türkischen Währung zu unterwerfen. Als problematisch erweist sich jedoch die Kursschwankung für den europäischen Raum. Insbesondere bei der Zulieferung von Produkten aus der EU bleibt ein Risiko.

Die garantierte Abnahme des Stroms ist auf zehn Jahre begrenzt. Die Preise gelten für Unternehmen, die zwischen dem 18.05.2005 und 31.12.2015 die Stromproduktion beginnen. Für Unternehmen, die ihren Betrieb nicht in diesem Zeitraum aufnehmen, ist vorgesehen, dass der Ministerrat neue Einspeisevergütungen bestimmt. Von der Gesetzesnovellierung profitieren insbesondere Unternehmen, die durch weitergehende staatliche Fördermaßnahmen über eine höhere Investitionssicherheit verfügen. [208]

Denn bei allen Energiearten gibt es zusätzlich noch eine „Local Content-Klausel", eine sogenannte „Bonusvergütung" (siehe Tabelle), welche aktiviert wird, wenn Komponen-

---

[207] Eigene Darstellung in Anlehnung an das TBMM Gesetz Nr. 6094, « Gesetzesänderung zur Nutzung von erneuerbarer Energiequellen zur Stromerzeugung" in der Fassung vom 29.12.2010 online unter http://www.tbmm.gov.tr/develop/owa/kanunlar_sd.durumu?kanun_no=6094, (13.04.2013).
[208] Vgl. Abdullah Emili et al. (2012), S. 152 f.

ten jeweiliger stromerzeugender Anlagen aus heimischen Fertigungsstätten bei den Anlagen benutzt werden (in § 14 Abs. 8 der „Durchführungsverordnung zur Lizenz-freien Stromerzeugung im Strommarkt " ist von einem Komponentenanteil von mindes-tens 75 % auszugehen). [209] Diese Bonus-Vergütungen gelten für fünf Jahre.

Die Höhe der Bonusförderungen variiert je nach Energiequelle und Anlagenkomponen-ten zwischen 0,4 und 3,5 US-Dollarcent/kWh pro Komponente. Besteht die Anlage aus einer Vielzahl im Inland produzierten Bauteilen, so erhöht sich der „Gesamt-Bonus". Dementsprechend sollen sich hierdurch die Anlageninvestitionen wesentlich schneller amortisieren. Die Bonus-Förderung kann allerdings nur gewährleistet werden, wenn gesetzlich vorgeschriebene Einspeisezähler verwendet werden. Jedoch ist an dieser Stelle auch zu erwähnen, dass die „heimische" Anlagenkomponenten-Produktion, aus der diese subventionierten Komponenten stammen sollen, in der Türkei bisher noch kaum vertreten ist. [210]

Wenn die Anlage bis zum 31.12.2015 ihren Betrieb aufnimmt, verspricht die Regierung einen Nachlass von 85 % auf Gebühren der Netzanschlüsse, auf Pachtzahlungen und die Nutzungszertifikate über einen Zeitraum von zehn Jahren.

Gegenwärtig gültig ist zusätzlich noch eine nationale Kapazitätsobergrenze für PV-Anlagen in Bezug auf die türkeiweite PV-Anlagenkapazität von insgesamt 600 MW. Um in diesem Zeitraum förderungsfähig zu bleiben, darf ergo bis Ende 2013 die zulässige nationale PV-Anlagenkapazität vorerst nicht überschritten werden. Bei größeren Kraftwerken entscheidet der Ministerrat über die Förderungssumme. [211]Durch die vorgesehene Subventionierung in Form der Bonusvergütungen verfolgt die Regie-rung das Ziel, Anlagenkomponenten aus ausländischer Fertigung durch Inlandsprodukte zu substituieren, die Nachfrage nach türkischen Produkten zu steigern und hierdurch die Produktivität der türkischen Unternehmen auf dem Sektor der erneuerbaren Energien zu fördern. Ebenso soll ein türkischer Industriezweig von Fertigungsstätten von erneuerba-ren Energiesystemen etabliert werden. Dies soll nicht nur der türkischen Wirtschaft zugutekommen, sondern auch zu neuen Arbeitsplätzen führen sowie die Wettbewerbs-fähigkeit der Unternehmen aus dieser Branche in der Türkei sichern.

---

[209] Vgl. http://www.hukuk24.com/erneuerbare_energien_tuerkei.htm, (05.03.2013).
[210] Vgl. http://www.photovoltaik.org/news/international/photovoltaik-der-tuerkei-grosses-potenzial-zur-12550, (05.03.2013).
[211] Vgl. Abdullah Emili et al.(2012), S. 152 f.

Somit kann eine PV-Anlage, die zu 100 % aus inländischen Komponenten zusammengestellt ist, eine zusätzliche Förderung i. H. v. 6,7 Dollarcent pro kWh erhalten. Die
Gesamtvergütung für eingespeisten Strom aus dieser PV-Anlage würde sich in dem Fall
auf insgesamt 20 Dollarcent (15,23 Eurocent) pro kWh belaufen. Die aktuellen Vergü-
tungen gelten bis 31.12.2015.

Die nachfolgende Tabelle soll einen detaillierten Überblick über die Bonusvergütungs-
sätze für einzelne Anlagenkomponenten einer „PV-Anlage aus türkischer Produktion"
geben. [212]

Anlagentyp	Anlagenkomponente	Zusatz für lokale Beschaffung US-Dollarcent/kWh (Euro-Cent/kWh)
Photovoltaik-Anlage	**Mechanische Aufbauten und Paneelen-Halterungen**	**0,8 (0,61)**
	PV-Module	**1,3 (0,99)**
	PV-Zellen	**3,5 (2,67)**
	Wechselrichter	**0,6 (0,46)**
	„Materialien" zur Ausrichtung der Module auf die Sonne	**0,5 (0,38)**
maximal mögliche Bonusvergütung		**6,7 (5,11)**

Tab. 9: Bonusvergütung für einzelne PV-Anlagenkomponenten (2013)[213]

Die Tabelle zeigt auch, dass für Anlagenkomponenten, wie mechanische Aufbauten und
Paneelhalterungen, PV-Zellen, PV-Module, Wechselrichter und auch für „Materialien
zur Ausrichtung der Module" Bonusvergütungen von 0,5 – 3,5 US-Dollarcent gelten.

4.4.3 Ausgeschriebene Regionen für PV-Anlagen

Das türkische Energieministerium hat nach ausgiebigen landesweiten Messungen der
durchschnittlichen Globalstrahlung an verschiedenen Messstandorten insgesamt 27
Provinzen im Süden der Türkei (siehe Abb. „Geeignete Gebiete Für PV-Anlagen (nach

---

[212] Stand des Wechselkurses: 13.04.2013.

[213] Eigene Darstellung in Anlehung an das TBMM Gesetz Nr. 6094, "Gesetzesänderung zur Nutzung erneuerbarer Energiequellen zur Stromerzeugung in der Fassung vom 29.12.2010 online unter http://www.tbmm.gov.tr/develop/owa/kanunlar_sd.durumu?kanun_no=6094, (13.04.2013).

staatlichen Messungen")) als geeignete Gebiete für den Ausbau der Solarenergie ausgewiesen. Auf diesen Arealen können Investoren bis Ende 2013 mit einer Gesamtkapazität bis zu 600 MW Photovoltaik-Solarkraftwerke errichten. Die Vorgaben sind bis zum 31.12.2013 gültig und werden danach neu verhandelt.[214] Das Energieministerium hat auf der Internetpräsenz eine Liste ausgewählter Gebiete mit überdurchschnittlich hohen Strahlungswerten veröffentlicht. [215]

Diese Gebiete werden in erster Instanz für die Errichtung von PV-Anlagen empfohlen und subventioniert. Die Liste darf keinesfalls als Verbot der Errichtung und des Betriebs der PV-Anlagen außerhalb der ausgeschriebenen Gebiete verstanden werden. Vielmehr ist in vielen strahlungsintensiven Gebieten das Netzwerk aktuell noch nicht darauf ausgelegt, (viel) Strom aus energieerzeugenden Großanlagen wie Kraftwerken aufnehmen zu können. Die Liste zeigt die aktuell staatlich empfohlenen Regionen, die jeweiligen maximalen Kapazitäten in MW, die Anzahl der Trafo-Zentralen und die geplanten Anschlusspunkte an das türkische Stromnetz. Die detaillierte Liste ist im Anhang zu finden. Unten ist ein Auszug mit den ausgeschriebenen Provinzen zu sehen, welche die höchsten Auschreibungskapazitäten aufweisen.

Region	Trafo Zentralen	Ausschreibungs- kapazität in MW
Konya 1	8	46
Konya 2	5	46
Van Agri	5	77
Antalya 1	6	29
Antalya 2	8	29
Karaman	3	38

Tab. 10: Ausgeschriebene türkische Regionen für PV-Anlagen (Liste unvollständig) [216]

Laut dem Gesetz dürfen die ausgeschriebenen empfohlenen 27 Provinzen (siehe Anhang) zusammen nicht mehr als eine Stromeinspeisung aus Kapazitäten von maximal 600 MW vornehmen. Allein der Stadt Van fallen hiervon 77 MW zu, dicht gefolgt von den Provinzen Bitlis, Hakkari und Muş, in welchen zusammen eine Leistung von 123

---

[214] Vgl. http://www.deutsch-tuerkische-nachrichten.de/2012/08/458225/solarenergie-tuerkische-regulierungsbehoerde-will-investitionen-ankurbeln/ (21.04.2013)

[215] siehe Anhang

[216] Quelle: Lobert Partnerschaft Rechtsanwälte, Informationspräsentation von Bülent Bilaloglu, „Die rechtlichen Rahmenbedingungen für Investitionen in Photovoltaikanlagen in der Türkei - Rechtliche Grundlagen und Einspeisungsgesetze", 07.September 2012. Hinweis: Vollständige Regionenliste im Anhang

MW Energie gewonnen werden soll (siehe Liste der ausgeschriebenen Provinzen im Anhang). In den nächsten Jahren sollen andere Gebiete ausgeschrieben werden. [217]

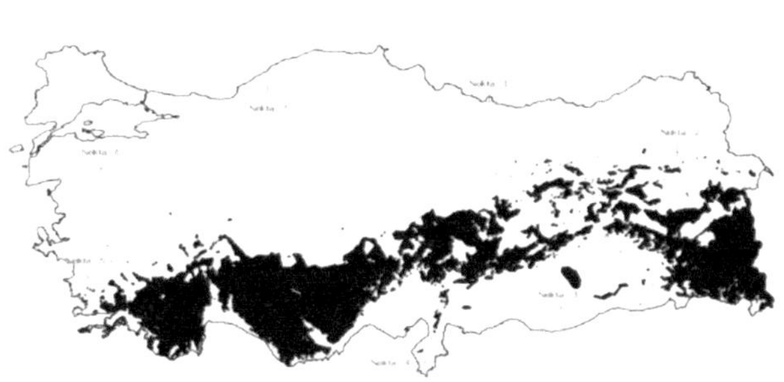

Abb. 36: Ausgeschriebene Gebiete für PV-Anlagen (nach staatlichen Messungen) [218]

4.4.4 Lizenzierung einer Photovoltaik-Anlage

Für das Errichten und Betreiben einer PV-Anlage werden je nach Anlagengröße entsprechende Lizenzen benötigt. Die Erteilung dieser Lizenzen richtet sich nach der Lizenzierungsverordnung für den Elektrizitätsmarkt und wird gemeinsam von der EPDK (Behörde zur Regulierung des Energiemarktes) und anderen zuständigen Behörden erteilt. Die wichtigsten Marktakteure sind neben der EPDK auch die TEIAS (türkischer Elektrizitätsnetzbetreiber), die TEDAS (staatliche Elektrizitätsverteilungsgesellschaft), die EIE (Institut für Elektrizitätsstudien), die EÜAS (staatlicher Energieerzeuger) und die DSI (Staatliche Wasserbaubehörde).

Die erteilten Lizenzen sind sowohl tätigkeits- als auch anlagebezogen, wobei keine Konzentrationswirkung besteht. [219] Gesetzlich unterschieden werden die „Tätigkeiten" beispielsweise in die Erzeugung, den Transport, die Distribution, den Einzel- und Großhandel sowie in Im- und Export von elektrischer Energie.

In Bezug auf die geplante Anlagenkapazität sind für den Eigenbedarf sog. „Selbstproduzentenlizenzen" zu erwerben, wobei Anlagen, die über eine Leistung von unter 1000 kW verfügen, keine Zustimmung und Lizenzerteilung der EPDK benötigen.

---

[217] Vgl. http://www.exportinitiative.de/nachrichten/nachrichten0/back/148/article/tuerkei-geeignete-flaechen-fuer-den-ausbau-der-solarenergie-ausgewiesen/ (22.04.2013).

[218] Quelle: http://www.epdk.gov.tr, (28.04.2013).

[219] Vgl. http://www.ra-bayar.de/wp-content/uploads/2011/03/19276_BB_NL_erneuerbare_Energien_T%C3%BCrkei_de_7.pdf , (15.04.2013).

Die Lizenzen für Anlagen über 1000 kW können von juristischen Personen beantragt werden, die den Anforderungen des türkischen Handelsgesetzbuches entsprechen, wie z. B. eine Limited oder eine Anonim Sirket (türkische Rechtsformen der GmbH bzw. der AG).

Wichtig ist es, sich in der Türkei frühzeitig zu erkundigen und die entsprechenden Stellen ausfindig zu machen, bei denen eine Genehmigung beantragt werden muss. Zudem kann es ebenfalls nicht schaden, die Gespräche persönlich vor Ort mit den zuständigen Behörden zu führen. Die Grundstücke zum Bau der Anlagen werden üblicherweise verpachtet. Dabei wird ein Eintrag in das Grundbuch vorgenommen, indem die Pachtzeit bei Erteilung der Lizenz festgesetzt wird. Bis zur Erteilung der Lizenz muss jedoch auch ein Mietzins bezahlt werden. [220]

Die Lizenzierung einer stromerzeugenden Anlage hängt vor allem von der geplanten Anlagengröße ab. Die Unterschiede bei der Lizenzierung werden im Folgenden näher erläutert.

4.4.4.1 Anlagenkapazität bis 1000 kW

Die am 03.12.2010 in Kraft getretene „Durchführungsverordnung zur Lizenzfreien Stromerzeugung im Strommarkt" („Elektrik Piyasasında Lisanssız Elektrik Üretimine İlişkin Yönetmelik") regelte die lizenzfreie Stromerzeugung von Anlagen, die eine Gesamtkapazität von bis zu 500 kW Strom aufweisen. Durch eine aktuelle Gesetzesänderung ist seit dem 30. März 2013 nunmehr bis zu 1 MW anstatt der bisherigen 500 kW erlaubt. [221]

Nach dieser Verordnung können sowohl natürliche als auch juristische Personen für den Eigenverbrauch lizenzfrei Strom erzeugen und den überschüssigen Strom an die Stromversorgungsunternehmen verkaufen. Eine Verpflichtung zur Gründung eines Unternehmens mit dem Zweck der Energieerzeugung sowie die Beantragung einer Erzeugerlizenz entfallen, sofern der Strom aus erneuerbaren Energiequellen oder Kraft-Wärme-Kopplung (KWK-Anlagen) vor allem für den Eigenverbrauch erzeugt wird. Kleinere Anlagen für Privatnutzung bedürfen zumeist auch keiner Baugenehmigungen. Bei größeren Anlagen wie bspw. für Unternehmen, Fabriken oder größere Gebäude, sind jedoch bauliche Bestimmungen einzuhalten.

---

[220] Vgl. http://www.photovoltaik-guide.de/tuerkei, (15.04.2013).
[221] Vgl. http://dogan-koyuncu.av.tr/de/content/view/64/51/ (06.05.2013).

Die neue Verordnung regelt in § 14 Abs. 8 zusätzlich eine Subvention für Anlagen, welche zu mindestens aus 75 % inländischen Komponenten zusammengesetzt sind. Sofern Komponenten aus türkischer Fertigung benutzt werden, wird der überschüssig erzeugte Strom zu einem höheren Strompreis abgenommen. [222] Der Anlagenbetreiber kann den Strom statt zum Privatkundentarif zum wesentlich höheren Großhandelspreis einspeisen und hierdurch die Anlageninvestitionen wesentlich schneller amortisieren lassen.

Durch die neue Verordnung und die aktuell geltenden Einspeisevergütungen, die mit dem Gesetz Nr. 6094 in Kraft getreten sind, wird das Ziel verfolgt, die Nachfrage und Investitionen in Kleinanlagen bis 1000 kW erheblich zu steigern, da viele kleine und mittelständische Unternehmen dazu übergehen werden, den Strom aus der Eigenproduktion zu beziehen. Aber auch für zahlreiche Privathaushalte lohnt sich der Einstieg in die Eigenproduktion, zumal die Investitionskosten für Kleinanlagen überschaubar und die Strompreise in den letzten Jahren stetig gestiegen sind. [223]

Obwohl die „Durchführungsverordnung zur Lizenzfreien Stromerzeugung im Strommarkt" im Vergleich zur vorigen Regelung zu begrüßen ist, werden einige Fragen nicht beantwortet bzw. nur unzureichend geregelt. Dies betrifft insbesondere die wichtige Frage, wie mit dem von natürlichen Personen produzierten eingespeisten Strom zu verfahren ist.

Wird ein detaillierter Blick auf § 14 Abs. 4 der Verordnung geworfen, erhalten natürliche Personen, die aus erneuerbaren Energiequellen und KWK-Anlagen Strom produzieren, für den in das Stromnetz eingespeisten überschüssigen Strom keine „monetäre" Vergütung.

Dagegen regelt das EE-Gesetz Nr. 6094 in § 6/A ausdrücklich, dass sowohl natürliche als auch juristische Personen von den gesetzlichen Einspeisevergütungen profitieren können. Daher wird die Verordnung gesetzeskonform ausgelegt und angenommen werden müssen, dass die Privathaushalte keine direkten Zahlungen erhalten, sondern die

---

[222] Vgl. Lobert Partnerschaft Rechtsanwälte, Informationspräsentation von Bülent Bilaloglu, „Die rechtlichen Rahmenbedingungen für Investitionen in Photovoltaikanlagen in der Türkei - Rechtliche Grundlagen und Einspeisungsgesetze", 07.September 2012..
[223] Vgl. http://www.hukuk24.com/erneuerbare_energien_tuerkei.htm, (28.04.2013).

eingespeiste Überproduktion mit dem vom Stromanbieter erhaltenen Strom verrechnet erhalten.[224]

Voraussetzung hierfür ist allerdings, dass die Eigenproduktion irgendwann den Eigenverbrauch nicht deckt und der Privatinvestor tatsächlich seinen Bedarf aus dem Netz bezieht. Es hat damit den Anschein, als ob durch die Verordnung den Privathaushalten eine Überproduktion nicht zugemutet wird bzw. diese gegenwärtig vermieden werden soll.

4.4.4.2 Anlagenkapazität ab 1000 kW

Der Erhalt einer bis mehrerer Genehmigung(en) und Lizenz(en) bildet die Grundvoraussetzung für den Bau und Betrieb einer PV-Stromerzeugungsanlage mit einer größeren Nennleistung als 1000 kW in der Türkei.

Nach dem Elektrizitätsmarktgesetz sind folgende Schritte für den Erwerb einer Lizenz, unabhängig von der alternativen Energiequelle, zu durchlaufen.

Mit der Antragstellung müssen die für das geplante Projekt notwendigen Unterlagen für den Bau der Anlage vollständig eingereicht und eine Sicherheitsleistung hinterlegt werden. Die Höhe der Sicherheit hängt von der Art der beantragten Lizenz ab; die Obergrenze liegt bei 462.000 EUR.

Durch eine Bankbürgschaft in Höhe von 10.000 TL pro MW (mit dem Wechselkurs vom 14. April 2013 i. H. v. 4.260 EUR) wird die Sicherheitsleistung erbracht. Bevor dem Antrag stattgegeben werden kann, werden für die Bearbeitung des Antrags durch die EPDK Informationen bezüglich der Netznutzung und des Netzzugangs von den regional zuständigen Stellen eingeholt. Nach Zustimmung der Regulierungsbehörde ist für die Anlage eine Sicherheitsleistung von 6 % des Projektvolumens zu hinterlegen.[225]

Diese muss nach Erhalt der Lizenzerteilung innerhalb von 90 Tagen vorgelegt werden. Das Eigenkapital des Antragstellers muss bei der Stromerzeugung mindestens 20 % des Projektvolumens betragen. Der Investor muss bei Vollständigkeit aller eingereichten

---

[224] Vgl. http://www.hukuk24.com/erneuerbare_energien_tuerkei.htm, (28.04.2013).
[225] Vgl. http://www.bblaw.com/uploads/media/BB_NL_Erneuerbare_Energien_Tuerkei_de.pdf, (28.04.2013).

Unterlagen lediglich 1 % der üblichen Lizenzgebühr entrichten und ist anschließend für die ersten acht Jahre von der Entrichtung der Lizenzgebühr befreit. [226]

Für die Bau- und Planungsphase setzt die EPDK bestimmte Fristen, innerhalb derer die einzelnen Projektstufen abgeschlossen sein müssen. Die Fristen bei der Bauphase richten sich nach der Größe der Anlage. Bei unverschuldeten Verzögerungen können auch Fristverlängerungen akzeptiert werden. Neben den Baugenehmigungen, die bei den jeweiligen Kommunen zu beantragen sind, müssen außerdem Abwassergenehmigungen, Brandschutzgutachten und Erlaubnisse zum Ausstoß von Emissionen sowie zur Nutzung der örtlichen Verwaltungsgebäude eingeholt werden. Zudem werden eine Machbarkeitsstudie und ein Zertifikat zur Umweltverträglichkeitsprüfung benötigt. Dafür ist ein Antrag beim Ministerium für Umwelt und Forstwesen zu stellen. Ferner muss auch ein Netzanschlussplan vorgelegt werden. Hierzu muss mit der staatlichen Stromübertragungsgesellschaft (TEIAS) eine Vereinbarung über den Netzanschluss und die Netznutzung getroffen werden, wofür der TEIAS alle erforderlichen Daten der Anlage zur Prüfung vorzulegen sind. Diese überprüft dann das angegebene Projekt und unterrichtet die EPDK über das Ergebnis. Mit der TEIAS wird ein Anschlussvertrag für das Übertragungsnetz geschlossen. [227]

Des Weiteren wird an einem Ausschreibungsverfahren für die, wie im vorigen Kapitel bereits erwähnten, ausgeschriebenen türkischen Regionen teilgenommen, wo im Falle mehrerer Antragssteller für eine Region (vollständige Liste der ausgeschriebenen türkischen Regionen für PV-Anlagen – siehe Anhang), welche alle gesetzlichen Voraussetzungen erfüllen, ein sogenanntes „Downbidding" stattfindet. Die Firma, die in dem Fall die geringste Einspeisevergütung verlangt, erhält den Zuschlag.

Vor dem Ausschreibungsverfahren sind also die Einholung von Genehmigungen aus zwölf bis 14 unterschiedlichen Behörden sowie eine Firmengründung notwendig. Messungen der Sonneneinstrahlung von mindestens sechs Monaten müssen vor Ausschreibung vollzogen worden sein. Darüber hinaus ist eine Option auf den rechtmäßigen

---

[226] Vgl. ebd.
[227] Vgl. http://www.ra-bayar.de/wp-content/uploads/2011/03/19276_BB_NL_Erneuerbare_Energien_T%C3%BCrkei_de_7.pdf, (18.04.2013).

Besitz am Grundstück vorhanden. Es kann sein, dass in naher Zukunft weitere verwaltungstechnische und -rechtliche Voraussetzungen veröffentlicht werden. [228]

Künftige Voraussetzungen könnten sein:

- Firmeneinlagen in einer bestimmten Höhe
- Nachweis von Erfahrungen auf dem Gebiet der PV-Anlagen
- Bereits bestehende PV-Anlagen im Ausland/Herkunftsland

Um das Lizenzierungsverfahren für Investoren zu vereinfachen, ist es ratsam, sogenannte „EPC-Firmen" (Engineering, Procurement and Commissioning Firmen) zu beauftragen, welche alle notwendigen Voraussetzungen für die Ausschreibungsverfahren erledigen:

EPC-Firmen bieten u. a. folgende Dienste an:

- Holen alle Genehmigungen ein
- Führen die für den Antrag erforderlichen Messungen durch
- Führen auch alle weiteren Angelegenheiten vom Sourcing, Umsetzung des Baus bis hin zur Führung der Anlage aus

---

[228] Vgl. Lobert Partnerschaft Rechtsanwälte, Informationspräsentation von Bülent Bilaloglu, „Die rechtlichen Rahmenbedingungen für Investitionen in Photovoltaikanlagen in der Türkei - Rechtliche Grundlagen und Einspeisungsgesetze", 07. September 2012.

5 Investitionsbetrachtung an einem türkischen Standort

5.1 Übersicht der Investitionsbewertungsverfahren

Bei der Konzeption und Planung von Energieversorgungsystemen kommt der Wirtschaftlichkeit eine essentielle Bedeutung zu. Die Wirtschaftlichkeitsbewertung muss dem Investor eine hinreichende Sicherheit in Bezug auf die Investition bestätigen. Bei der Frage, ob eine PV-Anlage rentabel genug ist, handelt es sich um ein Investitionsbewertungsproblem. Hierbei können zwei Entscheidungsmöglichkeiten bestehen, zum einen die projektindividuelle Entscheidung („Ist eine bestimmte Lösung sinnvoll?"), zum anderen die Auswahlentscheidung (Auswahl einer Möglichkeit aus mehreren Alternativen). Der Investor muss sich außerdem vor der Anschaffung über die Ziele seiner Investitionstätigkeit Gedanken machen. Diese können monetär oder nicht-monetär sein.[229] Monetäre Ziele lassen sich bei Investitionsvorhaben leichter quantifizieren.[230]

Hierzu stehen verschiedene Bewertungsverfahren zur Verfügung, die jeweils ein Entscheidungskalkül liefern, d. h. eine bestimmte Rechengröße, deren Wert die Grundlage für die Anwendung einer Entscheidungsregel ist. Die Verfahren liefern Aussagen auf der Grundlage einer Modellwelt, die im Allgemeinen mit den Bedingungen des vollkommenen Kapitalmarktes beschrieben werden. Diese Annahmen entsprechen zwar nicht der Realität, werden aber aus Vereinfachungsgründen –und um keinen „überproportionalen" Mehraufwand zu haben – verwendet.[231] Die folgende Abbildung gibt einen Überblick über die gängigen Investitionsbewertungsverfahren.

---

[229] Monetäre Ziele sind Zielgrößen, die sich in Geldeinheiten und nicht-monetäre Ziele sind Zielgrößen die sich nicht in Geldeinheiten messen lassen.
[230] Vgl. Rudas & Witte (2011), S. 6 ff.
[231] Vgl. Krimmling, (2009),S.201 f.

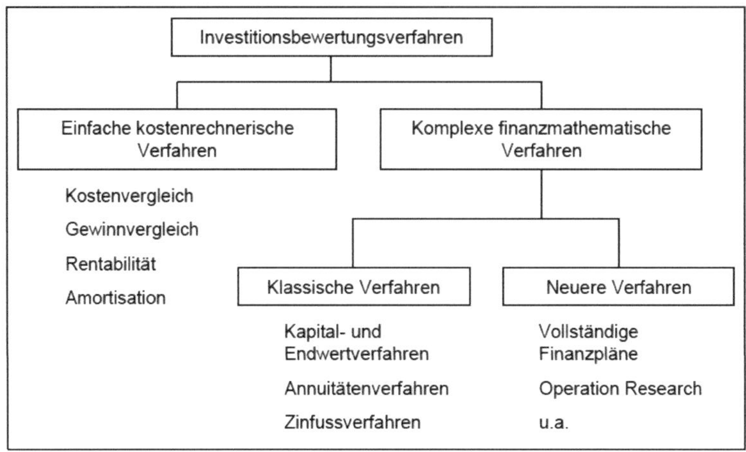

Abb. 37: Übersicht Investitionsbewertungsverfahren [232]

Statische Bewertungsverfahren

Bei den einfachen „statischen" Bewertungsverfahren wird aus der Zahlungsreihe eine mehr oder weniger repräsentative Periode herausgegriffen und hieraus eine Kennzahl berechnet. Die Kapitalverzinsung wird nur näherungsweise betrachtet. Daher eignen sich statische Verfahren für Investitionsprojekte mit kurzer Laufdauer.[233]

Zu den statischen Verfahren gehören die Kosten-, die Gewinn-, die Rentabilitäts- und die Amortisationsrechnung. Es wird hierbei unterschieden in einperiodige Verfahren, zu der die Gewinnvergleichsrechnung, die Kostenvergleichsrechnung und die Renditevergleichsrechnung gehören. Zu den mehrperiodigen Verfahren gehört die Amortisationsrechnung. Bei diesen Verfahren findet die Tatsache, dass die Zahlungen zu unterschiedlichen Zeitpunkten anfallen, keine Beachtung. Bei den ersten drei Verfahren wird zudem lediglich mit Durchschnittswerten kalkuliert. Dies führt dazu, dass steigende Gewinne genauso berücksichtigt werden wie sinkende Gewinne. Üblicherweise werden in der Praxis hingegen Investitionen bevorzugt, die hohe Gewinne am Anfang ihrer Laufzeit erbringen. Auch bei der Amortisationsrechnung ist der Zeitpunkt der Amortisation die alleinige Entscheidungsgröße, alle danach anfallenden Einnahmenüberschüsse oder −Verluste werden nicht beachtet. Die genannten Verfahren liefern ergo nur Näherungswerte. Dies wiederum mindert die Aussagefähigkeit der Kennzahlen.

---

[232] Quelle: Krimmling, (2009),S.202
[233] Vgl. Krimmling, (2009), S.201 f.

Statische Verfahren werden in der Energiewirtschaft und bei der Industrie zur Beurteilung der Wirtschaftlichkeit von relativ kleinen Investitionsvorhaben, insbesondere zur Einsparung von Energie- bzw. Betriebskosten, eingesetzt. Wegen ihrer zumeist relativ kleinen Größenordnung erscheint es sinnvoller, von Maßnahmen anstatt von Investitionsvorhaben zu sprechen. [234]

Bezogen auf eine PV-Anlage kann demnach schlussgefolgert werden, dass die einfache Rentabilität dann gegeben ist, wenn die Erlöse aus der Einspeisevergütung während des betrachteten Zeitraums (i.d.R. Betriebsdauer von 20 Jahren) höher ausfallen als die Kosten für den Bau, die Finanzierung und den Betrieb des PV-Systems. Die Ergebnisse sind schnell errechnet, sollten jedoch nicht überbewertet werden, da sie mit groben Überschlägen gleichzusetzen sind.

Um betriebswirtschaftlich genauere Aussagen zu der Rentabilität von PV-Anlagen treffen zu können, muss auch eine angemessene Verzinsung des eingesetzten Kapitals (Eigen- und Fremdkapital) berücksichtigt werden. Des Weiteren werden mit dem sogenannten „Kalkulationszinssatz" Zinsen berücksichtigt, die das Eigenkapital erzielen könnte, wenn es stattdessen bei einer Bank angelegt würde.[235]

Dynamische Bewertungsverfahren

Bei den sogenannten komplexeren „dynamischen" Verfahren der Finanzmathematik werden mehrere Perioden (t = 0 bis t = T) betrachtet. Überdieses wird nicht mit Durchschnittswerten gearbeitet, sodass die Ergebnisse genauer und qualitativ hochwertiger sind sowie eine höhere Aussagefähigkeit haben, als Werte die aus statischen Verfahren resultieren. [236]

Dynamische Verfahren werden unterschieden in klassische und neuere Verfahren. Für viele Investitionen reicht hierbei die Anwendung eines klassischen Verfahrens (impliziten Verfahrens). „Implizit" bedeutet, dass im Verfahren selbst eine Annahme zur jeweils besten Alternative (Opportunität) getroffen wurde. Die neueren (expliziten Verfahren) werden bei großen Investitionen (vollständige Finanzpläne etc.) bzw. bei Investitionsprogrammen (Operation Research) angewendet. Zusätzlich muss hierbei die Opportunität in einem separaten Finanzplan kalkuliert werden.

---

[234] Vgl. Konstantin, (2007), S.128.
[235] Vgl. Staab, (2011), S.102 ff.
[236] Vgl. Rudas & Witte, (2011), S.8ff.

Eine solide Investitionsplanung ist unabdingbar für Investoren, um das Risiko einer Fehlentscheidung zu minimieren und um erfolgreich die Investitionsentscheidung bzw. -durchführung abzuschließen.[237] Daher wird in der vorliegenden Untersuchung, aufgrund seiner Vorteile bei der Untersuchung der Wirtschaftlichkeit von PV-Anlagen an einem ausgesuchten Standort in der Türkei, vor allem das „dynamische Bewertungsverfahren" der Kapitalwertmethode Aussagen über eine Investitionsbewertung liefern.[238]

5.1.1 Die Kapitalwertmethode

Grundlage aller dynamischen Verfahren für Wirtschaftlichkeitsberechnungen ist die Kapitalwertmethode. Der Kapitalwert („**Ko**" oder „NPV" Net Present Value) ist die Differenz aus der Summe der sogenannten „Barwerte" aller Einnahmen und Ausgaben innerhalb der Nutzungsdauer einer Investition.[239] Ein Barwert ist ein auf den Zeitpunkt der Anschaffungsauszahlung abgezinste Ein- oder Auszahlung. Der Kapitalwert lässt sich mit der folgenden Formel berechnen.

$$K_0 = -I_0 + \sum_{t=1}^{t=n} \frac{\left(E_t - A_t\right)}{q^t}$$

<u>Hierin bedeuten:</u>

K_0: Kapitalwert zum Bezugszeitpunkt in €

I_0: Anschaffungsauszahlung zum Bezugszeitpunkt in €

E_t: Einnahmen am Ende des Jahres t in €/a

A_t: Ausgaben am Ende des Jahres t in €/a

$(E_t - A_t)$: Einnahmenüberschuss in €/a

q: Diskontierungsfaktor, q= 1+ i / 100 (hierbei i= kalkulatorischer Zinssatz in % / Jahr)

t: Jahr der Nutzungsperiode (1, 2, 3,….,n)

n: kalkulatorische Nutzungsdauer in Jahren

---

[237] Vgl. Krimmling, (2009), S.201f.
[238] Vgl. Rudas & Witte, (2011), S.8 ff.
[239] Vgl. Konstantin (2007), S.117 ff.

Bei der Kapitalwertmethode wird von der Annahme eines vollkommenen Kapitalmarktes ausgegangen. Explizit bedeutet dies, dass vereinfacht unterstellt wird, dass es nur einen Zinssatz für Kapitalaufnahme und -entleihe gibt und dass unbegrenzte Finanzierungsmittel vorhanden sind.

In der Regel wird der Zeitpunkt der Inbetriebnahme einer Anlage als Bezugszeitpunkt für das „Barwerten" gewählt. Alle Zahlungen, die früher anfallen (z. B. die Investitionsausgaben), werden aufgezinst, alle Zahlungen, die später anfallen (Betriebsausgaben), werden abgezinst. Die Auf- und Abzinsung erfolgt mit einem sogenannten Kalkulationszinssatz. Dies ist der Zinssatz, der vom Investitionsprojekt mindestens erwartet wird. Er setzt sich bspw. für PV-Investitionen in der Regel zusammen aus einem Zinssatz für sichere Anleihen (z. B. Staatsanleihen der BRD), der Illiquidität (die Kosten die ein Investor dafür verlangt, dass sein Kapital in einer Investition fest gebunden ist), einem Prozentanteil für Garantieansprüche (z. B. bei Insolvenz des Garantiegebers) und einem Risikosatz für die technische Entwicklung, da die Photovoltaikanlage permanenten technologischen und preislichen Veränderungen unterliegt. Oft wird neben der gewünschten Mindestverzinsung ein Risikozuschlag einbezogen. Man untersucht hiermit, wie sich die Summe der mit einer geforderten Rendite abgezinsten Überschüsse verhält. Dieser Zuschlag hängt ab vom sogenannten Grad der Risikoaversion[240] des Kapitalgebers. Dieser Risikozins ist i.d.R. umso größer je risikoscheuer ein Anleger sich verhält. Je größer ein Anleger das Risiko einer Investition empfindet, desto größer wird auch der geforderte Risikozinssatz sein, den er als Abdeckung des hohen Risikos einfordert.

Das Wirtschaftlichkeitskriterium ist demzufolge der Kapitalwert. Wenn der Kapitalwert positiv ist, bedeutet dies, dass die Investition wirtschaftlich ist (absolute Wirtschaftlichkeit).

Für die Bewertung des Kapitalwertes gelten folgende Anhaltspunkte:[241]

Ko > 0; Diese Investition lohnt sich auf jeden Fall. Die zu erwartenden Nettoerlöse sind so hoch, dass der Investor für die Anschaffung benötigten Mittel mit der gewünschten Mindestverzinsung zurückerhält.

---

[240] Hinweis: Unter einer Risikoaversion wird die Abneigung oder eine Ablehnung verstanden. Jeder Investor ist risikoscheu, allerdings unterscheidet sich zwischen den Investoren der Risikoabneigungsgrad.
[241] Vgl. Transferstelle Bingen (2006), S.17ff.

Ko = 0; Mit dieser Investition wird die gewünschte Mindestverzinsung inklusive des Risikozuschlags erzielt. Die Einzahlungsüberschüsse reichen aus, um die anfängliche Anschaffungsauszahlung zu tilgen und das investierte Kapital wie gewünscht zu verzinsen. Die Vorteilhaftigkeit einer solchen Investition hängt u. a. auch von der Bemessung des Risikozuschlags ab.

Ko < 0; Diese Investition lohnt sich nicht, da die zu erwartenden Nettoerlöse geringer als die Anschaffungskosten sind. Die Investition sollte daher nicht getätigt werden, da sie das Geldvermögen verringern würde. Wenn dieser Fall eintritt, sollte man auf alternative Investitionsmöglichkeit zurückgreifen.

Bei mehreren Investitionsalternativen ist unter rein wirtschaftlichen Gesichtspunkten diejenige zu wählen, die den höchsten Kapitalwert vorweist.[242] Abschließend ist zu vermerken, dass bei dieser Methode, die Abschreibungen und die Eigenkapitalrendite und die Fremdkapitalzinsen nicht explizit als Zahlungsreihe vorkommen. Sie sind implizit im Kalkulationszinssatz berücksichtigt, mit dem die Zahlungsreihen abgezinst werden.

5.1.2 Finanzierung einer PV-Anlage

Die Finanzierung eines PV-Systems kann entweder aus eigenen Mitteln erfolgen (Eigenkapital), komplett aus Fremdfinanzierung (Fremdkapital) oder aus einer Mischung aus beiden Mitteln. Üblicherweise werden PV-Anlagen über einen günstigen Kreditgeber finanziert. [243] Günstig ist dieser, wenn die zu erwartende Rendite der Solaranlage höher ist, als die für die Fremdfinanzierung zu zahlenden Zinsen. In Deutschland bieten Banken, wie die Umweltbank und die KfW oft günstige Konditionen und haben Erfahrung in Solaranlagenfinanzierung.[244] In Bezug auf das in dieser Ausarbeitung geplante Beispielprojekt in der Türkei, bietet derzeitig z. B. die „Kalkinma Bankasi", ähnlich wie die KfW, zinsgünstige Darlehen mit staatlichen Zuschüssen und Förderungen, welche abhängig vom Investitionsvolumen sind.[245]

Es ist durchaus sinnvoll, auch wenn dem Investor genügend Eigenkapital zur Verfügung steht, nicht die gesamte Investitionssumme für die PV-Anlage über eigene Mittel zu

---

[242] Vgl. Konstantin (2007), S.117ff.
[243] Vgl. Wagner, (2007), S.148 ff.
[244] Vgl. Stempel, (2007), S.38 ff.
[245] http://www.kalkinma.com.tr/ (Aufruf 06.05.2013)

finanzieren. Hintergrund ist der sogenannte „Leverage-Effekt", mit welchem eine Hebelwirkung der Finanzierungskosten des Fremdkapitals auf die Eigenkapitalverzinsung verstanden wird. So kann durch Einsatz von Fremdkapital die Eigenkapitalrendite einer Investition gesteigert werden. Bedingung ist hierfür jedoch, dass der Investor das Fremdkapital zu günstigeren Konditionen aufnehmen kann, als die Investition an Gesamtkapitalrentabilität erzielt. Der Kreditanteil sollte jedoch nicht zu hoch gewählt werden, da sonst die Zins- und Tilgungsleistungen die Erträge in der Höhe übersteigen.[246] In der Ausarbeitung wird dieser Effekt jedoch nicht miteinbezogen, da dies über den Rahmen der Untersuchung hinausgehen würde. Es wird von einem vollkommenen Kapitalmarkt ausgegangen, wo der Investor vollständig mit Eigenkapital investieren kann. Der Vollständigkeit halber wurde der Punkt der Finanzierung kurz beschrieben.

5.2 Ermittlung der Ausgangsgrößen am Standort des Beispielprojekts

Nach der Darstellung der investitionsrelevanten Grundlagenkenntnisse soll nachfolgend ein Standort in der Türkei in Bezug auf eine potentielle PV-Anlageninvestition näher begutachtet und das Beispielprojekt präsentiert werden. Hierfür wird zunächst der Standort des potentiellen Investitionsprojekts für den Betrieb einer PV-Anlage untersucht sowie die grundlegenden betriebswirtschaftlichen Ausgangsgrößen für mögliche Investitionen festgestellt. Ferner werden Tipps aus der Fachliteratur vorgestellt, welche dem Anlagenbetreiber eine effektive Nutzung der PV-Anlagen gewährleisten.

5.2.1 Standortinformationen

Die Provinz Hatay ist der am südlichsten Zipfel der Türkei gelegene Landesteil (36° N, 36° O). Sie liegt am Golf von Iskenderun (Mittelmeer) und grenzt im Süden und Osten an Syrien und im Norden an die Provinzen Adana, Gaziantep und Osmaniye. Hatay hat eine Fläche von insgesamt 5.403 km² und insgesamt 1.474.223 Einwohner. Die Provinz ist unterteilt in insgesamt 12 Landkreise, wobei İskenderun und Antakya die wichtigsten sind.[247]

---

[246] Vgl. Staab, (2011), S.82 ff.
[247] http://de-germ.finanzalarm.com/details/Hatay_(Provinz).html

Hatay hat ein äußerst gebirgiges Relief, 46 % der Provinz besteht aus Bergen, 33 % aus Tälern und 20 % aus Hochland. Die wichtigsten Gebirgsketten sind die Amanos-Berge ("Nur-Berge") in Nord-Süd-Richtung. Sie sind ein Teil des Taurus-Großgebirges.[248]

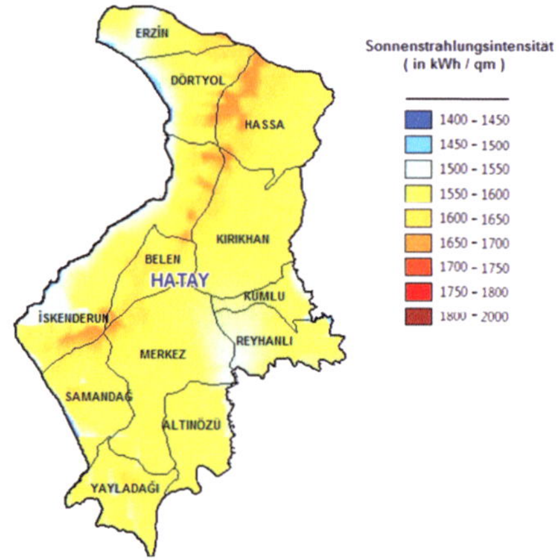

Abb. 38: Sonnenstrahlungsintensität Provinz Hatay (GEPA-Sonnenatlas)[249]

Laut TEIAS wurde in der Provinz Hatay im Jahr 2011 ein Gesamtstromverbrauch von 5.062.553 MWh verzeichnet, was im Vergleich zum nationalen Energieverbrauch einen Anteil von 2,94 % ausmacht.[250] Insgesamt sind in der Provinz 1.680 MW an Energieerzeugungskapazitäten installiert (davon 1540 MW an thermischen Kohlekraftwerken, 139 MW an Windenergie und 1 MW an Wasserkraft). Im Bezug zur gesamten Türkei ist dies ein Anteil von 3,19 %.[251]

Hatay gehört nicht zu den 27 Provinzen, die gegenwärtig von staatlicher Seite, als günstig für den Aufbau von Photovoltaik-Anlagen empfohlen werden (siehe Anhang), dennoch sind die Strahlungswerte überdurchschnittlich hoch (siehe Abb. Sonnenstrahlungsintensität Provinz Hatay (GEPA-Sonnenatlas)). Da diese Bedingung für Anlagen gilt, die eine Nennleistung von größer als 500 kWp haben, ist das örtliche Stromnetzwerk in der Lage Strom aus kleineren PV-Anlagen (bis 500 kWp) aufzunehmen.[252] Daher finden sich in

---

[248] http://www.hataykulturturizm.gov.tr/belge/1-33602/tarihce.html (Aufruf 01.05.2013)

[249] http://www.eie.gov.tr/MyCalculator/pages/31.aspx (Aufruf 01.05.2013)

[250] http://www.teias.gov.tr/Default.aspx (Aufruf 01.05.2013)

[251] http://www.eie.gov.tr/MyCalculator/pages/31.aspx (Aufruf 04.05.2013)

[252] Vgl. **Eclareon GmbH** (2012) Der türkische Photovoltaikmarkt Status & Perspektiven; Präsentation von Christian Grundner (Project Manager Market Intelligence), September 2012.

dieser Provinz viele Interessenten, die in eine PV-Anlage investieren möchten, um weitestgehend unabhängig Strom generieren und verwenden zu können.

So auch in der Stadt Iskenderun, welche die zweitgrößte Stadt in Hatay ist, und neben einer türkeiweit bekannten Schwerindustrie (Stahlproduktion) auch eine lange Mittelmeerküste mit vielen Ferienorten zu bieten hat.

Im Landkreis Iskenderun wird laut den Informationen der EIE eine durchschnittliche Sonneneinstrahlungsintensität von 1.736 kWh/m^2 und insgesamt 2.937 Sonnenstunden pro Jahr verzeichnet. Dies führt zu durchschnittlichen Tageswerten für die Sonnenintensität von 4,76 kWh/ m^2 und 8,05 Sonnenstunden.[253]

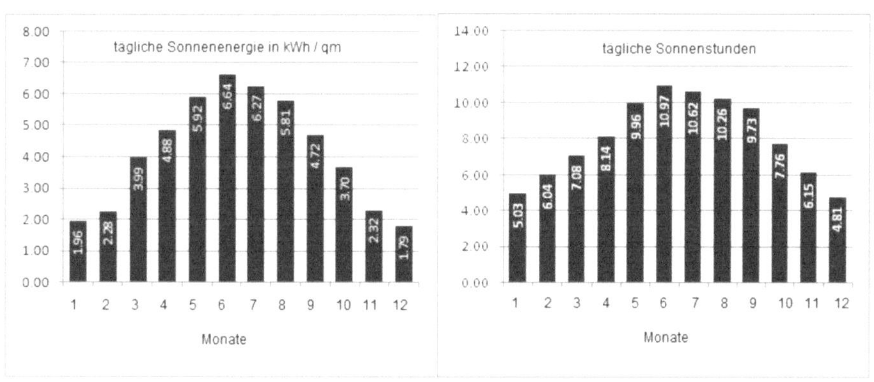

Abb. 39: Tägliche Sonnenenergie und Sonnenstunden in Iskenderun (nach Monaten) [254]

Anhand der Abbildung lässt sich die detaillierte Verteilung der Sonnenstrahlung auf einzelne Monate erkennen. Es wird deutlich, dass besonders im Juni die Tageswerte für einstrahlende Sonnenenergie am höchsten und die meisten Sonnenstunden (6,64 kWh/m^2 bzw. 10,97 Stunden) liegen.

Vor allem in den Monaten Mai bis September werden Durchschnittswerte von ca. 10,50 Sonnenstunden und ca. 6 kWh/m^2 an Sonnenstrahlungsintensität verzeichnet.

Die durchschnittliche Ausgangstemperatur am Standort beträgt 19,6° pro Jahr.[255] Dies sind grundsätzlich sehr gute Voraussetzungen für den Betrieb von Photovoltaik-Anlagen.

---

[253] Hinweis: Werte in Anlehnung an die Simulationssoftware " PV-Sol Expert 5.0" und online unter
http://www.eie.gov.tr/MyCalculator/pages/31.aspx (Aufruf 02.05.2013)
[254] eigene Darstellung in Anlehnung an: http://www.eie.gov.tr/MyCalculator/pages/31.aspx (02.05.2013)

5.2.2 Beispielprojekt „Hotel Issos"

Ein privater Hotelbesitzer aus dem kleinen Urlaubsort „Arsuz" in der Stadt Iskenderun interessiert sich für eine Investition in eine PV-Anlage und fordert ein Angebot von einem renommierten Solarunternehmen, welches in der Branche tätig ist.[256] Folgend sollen grundlegende investionsrelevante Ausgangsgrößen festgehalten werden.

Das Hotel „Issos" hat insgesamt 50 Hotelzimmer, drei kleine- bis mittelgroße Pools und vier Sportflächen, welche von Gästen wegen der Tageshitze speziell in den „kühleren" Abendstunden benutzt werden. Das Hotel ist das ganze Jahr über geöffnet, die Saison dauert sechs Monate vom Anfang April bis Ende September. Besonders in der Sommersaison ist das Hotel ausgebucht.

In den letzten Jahren genoss das Hotel eine zunehmende Attraktivität bei in- und ausländischen Touristen, welche die Umgebung zur Erholung aber auch zur Erkundung der weltweit einzigartigen Sehenswürdigkeiten, wie die St.-Petrus-Höhlenkirche, das Antiochia Mosaik Museum oder dem berühmten Titus-Tunnel besucht haben.

Überdies sorgte in den letzten Jahren der Zubau eines Hafens für die Zivilschifffahrt in Iskenderun, die Errichtung eines Flughafens im Provinzinneren sowie die Aufhebung der Visapflicht besonders für Reisende aus dem Nachbarland Syrien für eine zusätzliche Steigerung der Touristenzahl in der gesamten Provinz.

Das Hotel „Issos" profitiert(e) in den letzten Jahren hiervon und fährt stets hohe Gewinne ein. Der Hotelbesitzer überlegt daher in zwei Jahren ggf. sein Hotel um weitere 50 Hotelzimmer und zusätzliche Hotelanlagen zu vergrößern. Da der Hotelbesitzer, auch unter Einbezug des künftig steigenden Energiebedarfs und der steigenden Strompreise, seinen Energiebezug sicherstellen möchte sowie überzeugt ist, von der Wichtigkeit der „Nachhaltigkeit" bei der Energienutzung, erwägt er daher in eine PV-Anlage zu investieren.

Mit dem Betrieb einer Photovoltaik-Anlage würde sich dem Hotelbesitzer gegenüber anderen Hotels in der Gegend die Gelegenheit bieten, sich „umweltbewusst" zu präsentieren und das Image zu verbessern. Zudem würde das Hotel damit einen Beitrag zur

---

[255] Hinweis: Werte in Anlehnung an die Simulationssoftware " PV-Sol Expert 5.0"
[256] Beispielprojekt mit fiktiven Ausgangsgrößen und unverbindlichen Referenzwerten

nationalen Zielsetzung der türkischen Regierung leisten, bis zum Jahr 2023 30 % des landesweiten Energiebedarfs aus erneuerbaren Energien zu decken.

Nicht zuletzt überlegt der Besitzer in eine selbständige alternative Energiequelle zu investieren, weil auch das Hotel „Issos", wie überall in der gesamten Provinz, mit häufig auftretenden Stromausfällen zu „kämpfen" hat, welche in der Regel an einem Tag zwei- bis dreimal (für ca. 20 - 30 Minuten) auftreten können. In solchen Fällen schaltet sich im Hotelkeller ein kostenintensiver Dieselgenerator ein. Jedoch sorgen Stromausfälle vor allem bei den ausländischen Touristen für Verwunderung und sorgen für eine negative „Werbung".

Strompreise €-Cents / kWh	einheitlicher Tarif	Mittags- tarif 6-17 Uhr	Spitzen- belastung 17-22Uhr	Nachttarif 22-6 Uhr
Gewerbe (Hotel)	10,00	11,49	17,75	6,78

Tab. 11: Strombezugspreise des Beispielprojekts [257]

Zudem bezahlt der Hotelbesitzer für den aktuellen Strombezug einen Einheitstarif i.H.v. 10 Eurocents/kWh und beklagt sich über Strompreise, welche Jahr für Jahr kontinuierlich steigen (jährlich um 5 %).[258]

Betrachtet man die grundlegende energetischen und investitionsrelevante wirtschaftliche Bewertungsgrößen lässt sich zunächst festhalten, dass das Beispielprojekt eine gesamte Dachfläche von 3200 m^2 zur Verfügung hat und hiervon etwa 1000 m^2 auf der Sonnenseite günstig für eine PV-Anlage wären (Flachdach). Der Hotelbesitzer gibt an, dass derzeitig jährlich ca. 700.000 kWh Strom verbraucht werden und die gesamte Dachfläche nutzen zu wollen.

Auf dem Dach hätte das Hotel genügend Platz für eine Solaranlage. Zudem kann aufgrund der aktuell günstigen positiven Bilanz vollständig mit eigenen Mitteln investiert und von aktuellen staatlichen Einspeisevergütungen (0,10 bzw. 0,15 €-cents/kWh) profitiert werden.

---

[257] Eigene Darstellung in Anlehnung an http://www.tedas.gov.tr/BilgiBankasi/Sayfalar/ElektrikTarifeleri.aspx (Strompreise Stand April 2012), (03.01.2013)
[258] Wert in Anlehnung an Schätzungen des türkischen Statistikamts; online unter http://www.tuik.gov.tr/rip/temalar/4_3.html

Der Hotelbesitzer möchte sich über die Wirtschaftlichkeit einer möglichen PV-Aufdachanlage informieren und gibt an ein Angebot für eine kristalline[259] und ein Angebot über eine Dünnschicht-PV-Anlage haben zu wollen. Des Weiteren, möchte er wissen, wie sich diese Anlagen rentieren, wenn er zum einen den gesamten Strombedarf über die Anlage deckt und zum anderen, wenn er den gesamten erzeugten Strom einspeisen lässt, um von der aktuellen staatlichen Abnahmevergütung zu profitieren.

5.2.3 Anschaffungs- und Sekundärkosten einer PV-Anlage in der Türkei

Der Anschaffungspreis einer Anlage ist im Allgemeinen abhängig von der Modulqualität, Wechselrichter, Gestelle, Verkabelung, Montageort, Installationsaufwand und von der Anlagengröße.

Bei gewöhnlichen (mono-, und poly-,) kristallinen PV-Anlagen (Satteldach, Betondachstein) mit geringem Installationsaufwand, kann in der Türkei grundsätzlich mit folgenden Anschaffungskosten (siehe Tabelle) kalkuliert werden.

Anlagen-typ / Anlagenleistung	Anschaffungskosten für mono-/polykristallin (Referenzwerte)	Anschaffungskosten für amorphe Anlage (Referenzwerte)
< 10 kWp	2.000 € / kWp	1.500 € / kWp
10 – 100 kWp	1.800 € / kWp	1.350 € / kWp
> 100 kWp	1200 - 1500 € / kWp	900 - 1125 € / kWp

Tab. 12: Kosten für schlüsselfertige PV-Anlagen (Mono-/Polykristalline und amorph) [260]

---

[259] Hinweis: Da der Preis für schlüsselfertige mono- und polykristalline Anlagen ähnlich ist, werden in der Ausarbeitung beide zu „kristallin" zusammengefasst. Dies ermöglicht einen vereinfachten Vergleich von Investitionen.

[260] eigene Darstellung in Anlehnung an das Informationsgespräch mit dem Geschäftsführer eines Berliner Solarunternehmens. (unverbindliche Referenzwerte) und online unter www.gensed.tr (Aufruf 06.05.2013)

Es wird ersichtlich, dass je größer die Anlagenfläche wird, desto günstiger der Investitionsaufwand und auch die Dividende werden.[261] Schlüsselfertige Dünnschicht-Anlagen sind bei der Anschaffung um ca. 25 % kostengünstiger als kristalline Anlagen (siehe Abb.).

Demnach liegen die geschätzten Kosten für die Investitionen für eine Photovoltaikanlage demnach bei maximal 2000 Euro pro kW, wohingegen die Betriebs- und Wartungskosten auf 0,19 Euro pro kWh geschätzt werden.[262] Zukünftig kann sogar von günstigeren Anschaffungspreisen für schlüsselfertige Anlagen je kWp ausgegangen werden.

Sekundärkosten

PV-Anlagen verursachen Sekundärkosten, wie z. B. Betriebskosten. Aufgrund einer ganzheitlichen Betrachtung der Wirtschaftlichkeit sind demnach auch Versicherungs-, Reinigungs-, Wartungs- und Reparaturkosten zu berücksichtigen, welche folgend beschrieben werden.[263]

<u>Instandhaltung/Reparatur</u>[264]

PV-Anlagen sind normalerweise „wartungsarm". Lediglich die Wechselrichter beinhalten Kondensatoren als Verschleißteile. Je nach Auslastung des Systems und der Anlagengröße kann die Betriebsdauer dieser bis zu 25 Jahre betragen. Man sollte jedoch einen einmaligen Austausch der Kondensatoren innerhalb dieses Zeitraums einplanen.

Weiterhin wird eine monatliche Kontrolle der Wechselrichterleistung empfohlen. Durch eine simple Protokollierung der Ertragsdaten der Anlagenbetreiber lassen sich Fehlfunktionen der Anlage frühzeitig erkennen. Bei größeren Anlagen könnten Wartungsverträge mit Elektrotechniker bzw. Solarspezialisten abgeschlossen werden. Eine zeitweise Überwachung (empfohlen wird ein Zwei-Jahres-Intervall) auf Funktion und Stabilität der Befestigungselemente und der Verkabelung des PV-Systems wird empfohlen.

<u>Reinigung</u>

Bei einer flachen Modulanordnung von unter 10° entfällt der „Selbstreinigungseffekt" durch Regen. Daher sollte zeitweise die Moduloberfläche insbesondere von Staubbelägen,

---

²⁶¹ Vgl. Stempel (2007), S.14ff.
²⁶² Anlehnung an ein Informationsgespräch vom 06.05.2013 mit dem Geschäftsführer eines Berliner Solarunternehmens.
²⁶³ Vgl. Konrad, (2007), S.34 ff.
²⁶⁴ Vgl. Konrad, (2007), S.34ff.

Vogelkot, Laub und Sonstigem gereinigt werden. Dies geschieht mit einer gründlichen Reinigung mit Wasser. Auch diese Kosten sollten in die Wirtschaftlichkeitsbetrachtung einfließen.

<u>Versicherungen</u>

Eine Haftpflichtversicherung sollte jeder Anlagenbetreiber abschließen, da die Risiken vor Folgeschäden besonders an fremden Personen (z. B. durch runterfallende Anlagenkomponenten o. ä.) zu groß sind. Mit Hilfe einer Vollkaskoversicherung können sich Anlagenbetreiber vor Diebstahl, Ertragsausfall, Beschädigungen durch Fremdwirkung und Ähnlichem absichern. Darüber hinaus gibt es spezielle Ertragsgarantie- und Solaranlagenversicherungen sowie eine Betreiberhaftpflicht oder eine Montageversicherung.[265]

<u>Eigenstromverbrauch</u>

Bei Großanlagen über 500 kWp sollte der Eigenstromverbrauch durch Wechselrichter, Transformatorstationen u. ä. berücksichtigt werden. Der Transformator kann bei dieser Anlagengröße einen Eigenstromverbrauch von bis zu 600 - 800 Watt haben. Hochgerechnet auf 24 Stunden am Tag, 365 Tage im Jahr und dies über 20 Jahre lang, würden auch hier beachtenswerte Kosten entstehen. Daher sollte in dem Fall die Überlegung einer Dämmerungsabschaltung der Trafostation getätigt werden. Bei kleineren Anlagen ist diese Überlegung nicht notwendig.

Grundsätzlich lässt sich sagen, dass die Investitionskosten sowohl für mono-, als auch für polykristalline Siliziumanlagen für eine beispielhafte Fläche von 1000 m^2 maximal 150.000,00 Euro betragen, für Dünnschicht-Anlagen wird mit einem Anschaffungspreis von maximal 112.500 Euro gerechnet.[266]

Ob sich die Errichtung einer Anlage lohnt oder nicht, lässt sich dennoch nicht pauschalisieren und hängt neben den persönlichen Vorstellungen des Investors auch von vielen anderen Faktoren ab. Nachfolgend sind einige angeführt:[267]

- Erlöse aus der Einspeisung
- Anschaffungs- und Sekundärkosten
- steuerliche Vergünstigungen bzw. Belastungen

---

[265] eigene Darstellung in Anlehnung an das Informationsgespräch mit dem Geschäftsführer eines Berliner Solarunternehmens.
[266] unverbindliche Referenzwerte geltend für Aufdachanlagen
[267] Vgl. Geitmann, (2010), S. 86 ff.

- Komponentenqualität

- Standort

- Betriebsdauer

Die Investition in eine PV-Anlage erfordert insgesamt einen hohen Kostenaufwand. Zusätzlich wird davon ausgegangen, dass die laufend zu erbringende Leistung durch „Degradation", einer altersbedingten Abnutzung, auf bis zu 90 % zurückgehen kann. Die Betriebsdauer eines PV-Systems beträgt in der Regel 20 bis 30 Jahre. Eine netzgekoppelte PV-Anlage amortisiert sich in der Türkei bei optimalen Bedingungen innerhalb von 8 - 12 Jahren von selbst. Für einen effizienten Anlagenbetrieb ist es jedoch von großer Bedeutung wichtige wesentliche Faktoren zu beachten.

5.2.4 Vermeidung leistungsbeeinträchtigender Faktoren

Um eine PV-Anlage über die gesamte Betriebsdauer effizient betreiben und mit hohen Erträgen rechnen zu können sollten nach den Empfehlungen von Geitmann grundsätzlich folgende Aspekte beachtet werden. [268]

Diese wären:

- Ausrichtung und Neigung: Die Anlage sollte möglichst nach Süden, Südosten oder Südwesten ausgerichtet sein. Der Neigungswinkel sollte zw. 30° und 40° liegen, bei einer Optimierung für den Winter bei 65°.

- Verschattung: Die Anlage sollte weder von Schornsteinen, Antennen oder Satelitenschüsseln, noch von („heranwachsenden") Bäumen und Nebengebäude verschattet sein.

- Hinterlüftung: Die meisten Solarmodule arbeiten optimal bei 25 °C (STC-Bedingungen), d. h. die Temperatur der Module beeinträchtigt deren Leistung (pro Kelvin sinkt diese um 0,5 %). Daher ist eine Hinterlüftung, um eine Leistungsverluste zu vermeiden, wichtig.

- Verschmutzung: Insbesondere bei geringem Modulneigungswinkel (von unter 10°) kann es zu Oberflächenverschmutzungen durch nicht möglichen Selbstrei-

---

[268] Vgl. Geitmann, (2010), S.82f.

nigungsprozess durch Regen auf den Modulen kommen (Vogelkot, Staub, Ruß, Laub u. ä.).[269]

- Wechselrichter: Moderne Wechselrichter haben mittlerweile einen Wirkungsgrad von 95 %, ältere hingegen nur 90 %. Bei Bedarf ist es empfehlenswert Wechselrichter mit höheren Wirkungsgraden zu verwenden. Zudem regeln niedrig dimensionierte Wechselrichter zu früh ab, sodass gute Einstrahlungswerte nicht vollständig genutzt werden können. Werden Wechselrichter in warmen Räumen installiert, reduziert sich deren Wirkungsgrad. Gelegentlich kommt es sogar vor, dass Wechselrichter ausfallen. Es ist daher von höchster Wichtigkeit, dass Wechselrichter stets überwacht werden.

In Bezug auf das Beispielprojekt gibt der Hoteleigentümer an, dass auf dem Dach lediglich einige nicht mehr benutzte ältere Satelitenschüssel anmontiert sind, auf denen gelegentlich Tauben und Möwen sich niederlassen.

Da die Technik überholt ist, wird dem Hotelbesitzer geraten, auch um die Anlage vor Beeinträchtigungen des Stromertrags durch Vogelkot zu schützen, diese Satelitenschüssel vor der Installation zu entfernen. Der Eigentümer gibt weiterhin an, dass das Hotel in der unmittelbaren Umgebung keine Bäume und keine Nebengebäude hat und künftig auch keine Neubauten zu erwarten seien, da die Nebenflächen um das Hotel auch zum Eigentum des Hotelbesitzers gehören. Der Ausschluss einer möglichen Verschattung sorgt für eine optimale Ausgangslage in Bezug auf hohe Wirkungsgrade beim geplanten PV-System.

---

[269] Vgl. Konrad, (2007), S.34 ff.

6 Wirtschaftlichkeitsbetrachtung einer PV-Anlage an einem Standort

6.1 Projektierung mit Hilfe eines Simulationsprogramms

Viele deutsche Unternehmen, die in der Solarbranche, wie im Vertrieb der Solaranlagen tätig sind, bieten als kostenlosen Service online „Photovoltaik Rechner" an, die die Kalkulation grundlegender Investitionsbewertungsgrößen, wie bspw. den zu erwartenden Stromertrag, die Gesamteinnahmen oder die Investitionskosten, ermöglichen. Im Anschluss an die Rentabilitätskalkulation kann anschließend eine unverbindliche Angebotsanfrage eingeholt werden. So hat der Anlageninteressent die Möglichkeit Angebote von mehreren Fachbetrieben einzuholen und zu vergleichen.[270]

Jedoch sind diese kostenlosen Online-Rechner meist nur für Standorte in Deutschland konzipiert und aufgrund unterschiedlicher Sonnenstrahlungswerte und Vergütungstarife für Investitionsbewertungen in der Türkei nicht geeignet. Des Weiteren existieren wegen des bisher geringen Marktanteils der Photovoltaik in der Türkei wenige Referenzprojekte.

Aufgrund des Einbezugs möglichst realistischer Werte war es deshalb für den Autor dieser Ausarbeitung notwendig ein Solarunternehmen zu kontaktieren, welches auch im türkischen „Solarmarkt" aktiv ist.

Unter dem Gesichtspunkt, das Projekt mit fundierten energetischen und betriebswirtschaftlichen Bewertungsgrößen zu bewerkstelligen und vom „Knowhow" des Unternehmens zu profitieren, wurde aus diesen Gründen ein in Deutschland ansässiges und auch in der Türkei aktives Solarunternehmen kontaktiert. Die folgende Projektierung und Wirtschaftlichkeitsbetrachtung erfolgt mit den unternehmensinternen Simulations- und Kalkulationsprogramm „PV-Sol 5.0. Expert" und erfolgt, da es sich lediglich um eine Beispielskalkulation aufgrund fiktiver und unverbindlicher Referenzwerten handelt, ohne Gewähr.

---

[270] Online-Kalkulationsrechner http://www.wskw.de/service/solar/kalkulation.html oder auch das Excel-Berechnungs-Tool vom Umweltinstitut München e.V. online aufrufbar unter http://umweltinstitut.org/energie--klima/wirtschaftlichkeit-von-solaranlagen/wirtschaftlichkeit-von-photovoltaik-anlagen-461.html.

Um den Vorstellungen und Wünschen des Hotelbesitzers des Beispiels zu entsprechen, wurden insgesamt vier Berechnungen durchgeführt. Zum einen wurde die Projektierung am Beispiel eines vorrangigen Eigenverbrauchs und zum anderen mit einer vollständigen Einspeisung des erzeugten Stroms durchgeführt. Hierbei wurde von einer PV-Aufdachanlage mit jeweils kristallinen und Dünnschicht-Solarmodulen ausgegangen.

Vorgehensweise bei der Projektierung und Kalkulation mit Hilfe der Software

Je nach Anlagengröße (in m^2 und kWp) werden die Komponenten wie Module und Wechselrichter angegeben und auch die Standortbedingungen, wie z. B. die Dachausrichtung, die Leitungsentfernungen von Solaranlage, Wechselrichter und Einspeisezähler. Zudem wird auch der jährliche Stromverbrauch des Objekts eingegeben. Das Programm gibt die Projektierung aus und weist auf mögliche Probleme bei der Anlagenkonfiguration hin.[271]

Globalstrahlung und Lage

Durch die Eingabe der geographischen Lage oder der genauen Ortsbezeichnung ermittelt das Programm die globale Sonneneinstrahlung. Durch die Angabe von Dachausrichtung und Dachneigung und mit Hilfe von gespeicherten Erfahrungswerten errechnet das Programm den spezifischen Jahresertrag.

Voraussichtlicher Ertrag

Anhand des spezifischen Ertrags und der Abnahmevergütung sowie der Leistung der PV-Anlage und der Leistungsdaten des ausgewählten Wechselrichters wird die Jahresvergütung berechnet.

Anlagenausstattung

Mit Hilfe der eingegebenen Anlagenkonfiguration prüft das Programm, ob die Anlage optimal funktionieren kann.

Leistungen und Verluste

In der Simulation werden sicherheitshalber große Entfernungen bei Leitungslängen eingegeben, um die Problematik der Leistungsverluste deutlicher zu machen. Je kürzer die Leitungen, desto geringer sind die Verluste. Des Weiteren gibt das Programm einen

---

[271] Vgl. Stempel (2007), S.14

Hinweis, ob der gewählte Wechselrichter zum System passt und eventuelle Inkompatibilitäten vorhanden sind.

Bei den Ergebnissen sind die wichtigsten Posten, auf der einen Seite die Ausgaben in Form von Investitionskosten und Betriebskosten. Dem gegenüber stehen die Einnahmen in Form von Einspeisevergütungen und Zinserträgen.

Anhand der ausgegebenen Werte lässt sich auch die Amortisationsdauer der jeweiligen Anlage erkennen. Ab dem Amortisationszeitpunkt erwirtschaftet die Anlage üblicherweise nur noch Einnahmenüberschüsse.

6.2 Randbedingungen für alle Investitionsalternativen

Folgende Randbedingungen des Beispielprojekts „Hotel Issos" fließen in die Kalkulation mit ein: [272]

- Anlagengröße: 1000 m^2 (Aufdachmontage)
- Jahresstromverbrauch: 700.000 kWh
- Globalstrahlung (Iskenderun): 1.736 kWh/m^2 pro Jahr (4,76 kWh/m^2 pro Tag)
- Sonnenstunden (Iskenderun): 2.937 Stunden (8,05 Stunden pro Tag)
- Ausrichtung = Süden
- Modulanstellwinkel = 12° (auf Flachdach)
- durchschnittliche Ausgangstemperatur: 19,6 °C
- Einspeisevergütung Türkei (2013): 0,10 bzw. 0,15 Eurocents/pro eingespeiste kWh[273]
- variable Investitionskosten: von 1.200 – 1.500 €/kWp für kristalline PV-Anlagen und 900 – 1.125 €/kWp für Dünnschichtanlagen
- Finanzierung: 100 % Eigenkapital
- Renditeerwartung des Investoren: 10 %
- pauschale Sekundärkostenanteil: 0,5 % der Investitionssumme
- Sekundärkostensteigerung: 0,5 % pro Jahr (nach 20 Jahren = 10 %)
- Rücklagen für PV-Module: keine, wegen Herstellergarantien

---

[272] Aufstellung in Anlehnung an Staab, (2011), S.102 ff., Hinweis: Beispielkalkulationen ohne Gewähr, da größtenteils fiktive Ausgangsgrößen oder Referenzwerte verwendet.
[273] Nach Stand des Wechselkurses vom 11.04.2013 entsprechen 13,3 US-Dollarcents = 10,6 Eurocents, in dieser Kalkulation wird vereinfachenderweise von 10 Eurocents ausgegangen.

- Rücklagen für Wechselrichter: keine

- Degradation der Solarmodule: 10 % in 20 Jahren (0,5 % pro Jahr)

- Strombezugspreis: 0,10 € pro kWh (Einheitstarif für Hotelgewerbe)

- Strompreissteigerung: 5 % pro Jahr

- Kalkulationszinssatz: 4 % [274]

- Keine Berücksichtigung steuerlicher Aspekte[275]

- Berechnungsmethode: Kapitalwertmethode

---

[274] Der Kalkulationszinssatz setzt sich zusammen aus dem Zinssatz für türkische Staatsanleihen (2 %) und Prozentsätzen für Illiquidität (1,25 %), Garantieansprüchen (0,50 %) und technischer Entwicklung (0,25 %).

[275] Hinweis: Steuerliche Randbedingungen wurden nicht mit einbezogen, da eine Übersicht über türkische Steuergesetze über den Rahmen dieser Ausarbeitung hinausginge.

6.3   Anlagenbetrieb zur vorrangigen Strombedarfsdeckung

Im Folgenden sind die kalkulierten energetischen Bewertungsergebnisse der Projektierungen der kristallinen und Dünnschicht PV-Anlagen im Fall einer vorrangigen Strombedarfsdeckung durch den erzeugten Strom zusammengestellt.[276]

Anlagentyp	kristallin	Dünnschicht
zur Verfügung stehende Dachflä-	1000 m^2	
Brutto-PV-Fläche	611 m^2	622 m^2
Spitzenleistung	93,50 kWp (lizenzfrei)	77,76 kWp (lizenzfrei)
Modulhersteller/-leistung / Anzahl	Yingli / 250W / 374	First Solar / 90W / 864
Modulwirkungsgrad (STC)	15 %	12,5 %
Wechselrichteranzahl	6	5
Spezifischer Jahresertrag	1.420 kWh/kWp	1.582 kWh/kWp
Anlagennutzungsgrad(Perf.Ratio)	78,2 %	86,5 %
Systemnutzungsgrad	11,9 %	10,8 %
jährlicher Stromverbrauch	700.000 kWh	
jährlich erzeugte Strommenge	132.867 kWh	123.113 kWh
jährlich eingespeiste Strommenge	0 kWh	0 kWh
jährlicher Netzstrombezug	567.230, 90 kWh	576.969,30 kWh
Verschattung	4 %	1 %
Gesamtdegradation nach 20 J.	10 %	
Vermiedene CO$_2$-Emissionen	81.520 kg/Jahr	75.541 kg/Jahr

Tab. 13: Energetische Bewertungsgrößen Anlage zur vorrangigen Strombedarfsdeckung (amorph und kristallin)

---

[276] Hinweis: Werte in Anlehnung an die Simulationssoftware " PV-Sol Expert 5.0

Bei beiden Anlagetypen ist von einem jährlichen Gesamtstromverbrauch von 700.000 kWh sowie von einer Degradation[277] der Module in Höhe von 10 % nach 20 Jahren auszugehen.

Anhand der Tabelle ist zu erkennen, dass obwohl beide Anlagentypen dieselbe Sonnen gerichtete Dachfläche von 1000 m^2 zur Verfügung haben, die Brutto PV-Anlagenflächen, welche für die Stromerzeugung bei PV-Anlagen zuständig sind, sich unterscheiden. Die unterschiedlichen Brutto-Anlagenflächen von 611 m^2 für die Dünnschichtanlage und 622 m^2 für die kristalline Anlage beruhen daher, weil es sich beim Dach des Hotels, üblich für diese Region, um ein Flachdach handelt und daher die unterschiedlich gearteten Solarmodule aufgeständert werden müssen, um eine optimale Ausrichtung der Module zu erreichen. Darüber hinaus sollten, wie im vorigen Kapitel erklärt, leistungsbeeinträchtigende Faktoren, wie Überhitzung der Solarmodule durch gewisse Abstände vermieden werden, um eine Hinterlüftung zu gewährleisten und Schattenverluste so gering wie möglich zu halten.

Da auch die Modulleistungen der verschiedenen Modultypen, wie im zweiten Kapitel dieser Ausarbeitung erklärter Modultypenunterschiede, aufgrund verschiedener Modulwirkungsgrade stark variieren, werden demzufolge bei der Dünnschicht-PV-Anlage mehr Module benötigt, als bei der kristallinen Variante (amorph = 864 Stück à 90 Wp/kristallin = 374 à 250 W). Genau genommen werden, um die Modulleistung eines kristallinen Moduls zu erreichen 2,77 Dünnschichtmodule benötigt. In der Regel ist die Modulgröße beider Typen nicht wesentlich kleiner und da die sonnengerichtete Dachfläche des Hotels auf maximal 1000 m² begrenzt ist, entsteht auch ein Unterschied bei den möglichen Spitzenleistungen beider Anlagen von 77,76 kWp für die kristalline und 93,50 kWp für die Dünnschichtanlagen. Unter Einbezug der aktuellen türkischen Gesetzgebungen auf die Lizenzierungspflicht einer Photovoltaikanlage (siehe voriges Kapitel) wären beide Anlagen lizenzfrei zu beantragen, da die Kapazität unter 1.000 kWp liegt.

---

[277] Hinweis: Degradation beschreibt die altersbedingte Verminderung des Gesamtwirkungsgrads der PV-Anlage

6.3.1 Bewertungsgrößen der kristallinen PV-Anlage für vorrangige Strombedarfsdeckung

Unter der Annahme, dass für eine Leistung von 1 kWp ca. 10 m^2 an kristalliner Modulfläche benötigt werden, würde eine mögliche Anlagenspitzenleistung von etwa 93,50 kWp resultieren.[278]

Der spezifische Jahresertrag der kristallinen Anlage beträgt 1.420 kWh/kWp. Mit dieser Anlage könnten jährlich ca. 132.867 kWh an Strom erzeugt werden. Wobei aufgrund der kristallinen Solarzellenstruktur eine Verschattung von 4 % den Stromertrag mindert.

Da in dem vorliegenden Fall der jährliche Strombedarf des Hotels jedoch bei 700.000 kWh liegt, muss ein großer Teil des Stroms (567.230,90 kWh) weiterhin vom Stromanbieter bezogen werden. Hierdurch wird keine Stromeinspeisung und auch keine Einnahmen durch staatlich vergüteten Strom möglich. Einen Teil des Strombedarfs kann die PV-Anlage decken, hierbei beträgt die jährliche Stromeinsparung 13.276,90 €. Bezogen auf die gesamte Betriebsdauer der Anlage, wären nach 20 Jahren 265.538 € einzusparen. Weiterhin könnten CO_2-Emissionen in Höhe von 81.520 kg pro Jahr vermieden werden. Bei diesem Anlagentyp wären, mit einem Anlagennutzungsgrad von 78,2 %.,[279] die Sekundärkosten mit 701,25 €/Jahr zu veranschlagen. Eine kristalline PV-Anlage amortisiert sich in dem Fall nach ca. 9,2 Jahren.

6.3.2 Bewertungsgrößen der Dünnschicht PV-Anlage für vorrangige Strombedarfsdeckung

Bei einer ähnlich dimensionierten Dünnschicht PV Anlage würde eine mögliche Spitzenleistung von etwa 77,76 kWp erreicht und mit einem spezifischen Jahresertrag von 1.582 kWh/kWp ca. 123.113 kWh an Strom pro Jahr erzeugt werden. Wobei aufgrund der amorphen Kristallstruktur eine Verschattung von 1 % den Stromertrag mindert. Der Anlagennutzungsgrad beträgt bei dieser Anlage 86,5 %. Da in dem vorliegenden Beispiel der jährliche Strombedarf des Hotels bei 700.000 kWh liegt, und

---

[278] Hinweis: Werte in Anlehnung an Beispielkalkulationen der EMO (türkischer Ingenieursverband für Elektrotechnik) online aufrufbar unter http://www.emo.org.tr/genel/bizden_detay.php?kod=93667&tipi=38&sube=0 (Aufruf 01.05.2013)

[279] Vgl. Quaschning (2011), S.237 ff., **Hinweis**: Der Anlagennutzungsgrad (Performance Ratio) ist das Verhältnis der gesamten, tatsächlich erzeugten Energie eines PV-Systems zu der Energie, die auf die Module einstrahlt und unter Laborbedingungen hätte realisiert werden können. Sie trifft ergo als Kennzahl also eine Aussage über die Qualität eines Systems und darf auf keinen Fall mit dem Gesamtwirkungsgrad einer PV-Anlage verwechselt werden. Der Wirkungsgrad der PV-Module, der Standort bzw. die Einstrahlung haben hierbei keine Wichtigkeit. Die Performance Ratio einer Photovoltaikanlage sollte im Allgemeinen einen Wert von mindestens 0,75 erreichen.

der Strombedarf des Objekts nicht vollständig gedeckt wird, muss ein großer Teil des Stroms (576.969,30 kWh) vom örtlichen Stromanbieter bezogen werden. Dementsprechend gibt es keine Einnahmen durch eingespeisten und staatlich vergüteten Strom. Da die PV-Anlage einen Teil des Strombedarfs decken kann, beträgt die jährliche Stromeinsparung 12.303,07 €.

Bezogen auf die gesamte Betriebsdauer der Anlage, wären nach 20 Jahren 246.061,40 € einzusparen. Überdies könnten CO_2-Emissionen in Höhe von 75.541 kg pro Jahr vermieden werden. Bei diesem Anlagentyp wären Sekundärkosten mit ca. 622 €/Jahr zu veranschlagen. Die Dünnschicht PV-Anlage amortisiert sich in dem Fall in 8,8 Jahren.

Investitionsbewertung beider Anlagen bei vorrangiger Strombedarfsdeckung

Im Folgenden sind die investitionsrelevanten Bewertungsgrößen zur Projektierung der kristallinen- und Dünnschicht-PV-Anlagen für den angenommenen Fall der vorrangigen Strombedarfsdeckung zusammengestellt.[280]

Anlagentyp / Bewertungsgröße	kristallin	Dünnschicht
Betrachtungszeitraum	20 Jahre	
Investitionsvolumen	140.250 €	124.416 €
Sekundärkosten (jährliche Steigerung um 0,5 %)	701,25 €/Jahr	622,08 €/Jahr
Strombezugskosten(Einheitstarif)	0,10 €/kWh	
Strombezugskosten (0,10€/kWh)	56.723 €/Jahr	57.697 €/Jahr
Einsparungen Strombezug	13.276,90 €/Jahr	12.303,07 €/Jahr
Rendite	10,9 %	11,5 %
Stromgestehungskosten[281]	0,06 €/kWh	0,05 €/kWh

---

[280] Hinweis: Werte in Anlehnung an die Simulationssoftware " PV-Sol Expert 5.0.
[281] **Stromgestehungskosten** bezeichnen die Kosten, welche für die Energieumwandlung von einer anderen Energieform in elektrischen Strom notwendig sind.

Kapitalwert	290.455,39 €	275.310,71 €
Amortisationszeit	9,2 Jahre	8,8 Jahre

Tab. 14: Betriebswirtschaftliche Bewertungsgrößen - Anlage zur vorrangigen Strombedarfsdeckung (amorph und kristallin)

Wird die Wirtschaftlichkeit in Bezug auf grundlegende investitionsrelevante Bewertungsgrößen hin betrachtet, ist ersichtlich, dass die Anlagen zunächst bei den Investitionskosten stark variieren. Die Investitionssumme für eine schlüsselfertige kristalline Anlage beträgt 140.250 € und ist damit kostenintensiver als die Anschaffung einer ähnlich dimensionierten Dünnschicht-Anlage, welche lediglich 124.416 € kosten würde. Als weitere Ausgaben stehen bei der kristallinen Variante jedes Jahr Sekundärkosten von 701,25 € zu Buche, während bei der Dünnschichtanlage nur 622,08 € ausgegeben werden müssen. Weiterhin müssten bei beiden Varianten Strom aus dem regionalen Energieversorgungsnetz bezogen werden, da der erzeugte Strom beider Anlagen nicht ausreicht, um den ganzjährlichen Strombedarf zu decken. Bei der kristallinen Anlage müssten somit 56.723,09 € und bei der amorphen Anlage 57.697 € an Stromkosten pro Jahr beglichen werden. An dem Punkt ist zu erwähnen, dass angenommen wird, dass der Strompreis von Jahr zu Jahr um ca. 5 % steigt. Diese Strompreisentwicklung wird in den Berechnungen berücksichtigt.

Allen genannten Ausgaben stehen nur die zu erwartenden Einnahmen durch die mögliche Einsparung des Strombezugs gegenüber. Daher ist beim Fall zur vorrangigen Strombedarfsdeckung primär die mögliche Stromeinsparung durch einen vermiedenen Strombezug vom Energieversorger in Bezug auf die Wirtschaftlichkeitsbewertung zu betrachten.

Bei der kristallinen Anlage würden im Jahr ca. 15.268 € und bei der Dünnschichtanlage ca. 13.626 € beim Strombezug durch den örtlichen Stromlieferanten vermieden werden. Bezogen auf 20 Jahre Betriebsdauer wären hier Strombezugseinsparungen von 305.354 € bei der kristallinen und 272.510 € bei der amorphen Variante einzusparen.

Werden die Stromgestehungskosten verglichen, so beträgt dieser bei der kristallinen Anlage 0,06 €/kWh, wohingegen die Stromgestehungskosten bei der amorphen Solaranlage mit 0,05 €/kWh geringer wären. Aufgrund eines aktuellen Stromtarifs von 0,10 €/kWh des regionalen Stromlieferanten wären beide Alternative zu empfehlen. Zumal sind in den nächsten Jahren Strompreissteigerungen in der Türkei, besonders wegen steigender Steuersätze und künftiger Energieknappheit zu erwarten.

Werden die Amortisationszeitpunkte betrachtet, so wird ersichtlich, dass sich eine kristalline PV-Anlage in dem Fall mit 9,2 Jahren, später amortisiert als eine Dünnschichtanlage mit 8,8 Jahren. Der Unterschied ist in dem Fall jedoch nicht gravierend.

Werden die Kapitalwerte zum Vergleich herangezogen, so beträgt dieser bei der kristallinen Anlage 290.455,39 € und 275.310,71 € bei der Dünnschichtanlage. Bei der kristallinen Variante wäre der Kapitalwert also um ca. 15.145 € höher, als bei der Dünnschicht-Anlage. Beide Alternativen wären jedoch nach der Kapitalwertmethode als vorteilhaft zu bezeichnen, denn bei beiden führt die Investition zu einem Erhalt der kompletten Anschaffungsauszahlung und einem größeren Endvermögen. Überdies sind die Renditewerte beider PV-Anlagen mit 10,9 % für die kristalline und 11,5 % für die Dünnschichtvariante relativ hoch.

Aufgrund einer Annahme einer 100 %-Finanzierung der Anlagen aus eigenen Finanzmitteln, würde es sich hierbei um eine Eigenkapitalrendite handeln. Da eine Renditeerwartung des Investors von 10 % angenommen wurde, liegen beide Renditen über der Renditeerwartung des Hotelbesitzers und wären zu empfehlen. Im Vergleich hierzu würde aktuell eine Anlage des Kapitals in türkische Staatsanleihen ca. 2 % an Rendite erbringen und dementsprechend unter der Rendite beider Anlagenvarianten liegen.[282] Allerdings ist die Möglichkeit der Anleihe nur auf 10 Jahre begrenzt und würde damit unter der Betriebsdauer einer PV-Anlage (20 Jahre) sich befinden. Darüber hinaus handelt es sich bei türkischen Staatsanleihen um eine im Vergleich zu deutschen Staatsanleihen eher weniger „mündelsichere"[283] Anleihe, weil die Bonität der Türkei im Vergleich zur Bundesrepublik aktuell niedriger bewertet wird.[284]

Jedoch liegt es dennoch am Hotelbesitzer zu entscheiden, welche Alternative zu bevorzugen wäre, da eine Investitionsentscheidung in der Regel subjektiv geschieht. Der Anlagenbetreiber hätte bspw. aus monetärer Betrachtungsweise auch die Möglich-

---

[282] Hinweis: In Anlehnung an http://www.finanzen.net/anleihen/A0DYR8-Tuerkei-Anleihe(13.05.2013),Wert gültig bis 16.02.2017.
[283] Hinweis: Als „Mündelsicher" werden Vermögensanlagen bezeichnet, bei denen Wertverluste der Anlage praktisch ausgeschlossen sind. Die Anlage erfolgt in der Regel in festverzinslichen Anleihen, die vom Gesetzgeber ausdrücklich für mündelsicher erklärt worden sind. in Anlehnung an http://www.bundesanzeiger-verlag.de/betreuung/wiki/M%C3%BCndelsicher (13.05.2013).
[284] Siehe Kapitel „Wirtschaftspolitik" dieser Ausarbeitung.

keit sein Kapital in eine andere Energieerzeugungsmöglichkeit, fest zu binden und hätte ggf. die Möglichkeit eine vorteilhaftere Investition zu tätigen.

Fest steht allerdings, dass der Anlageninteressent in diesem Fall in einer PV-Anlage eher die Chance als ein Risiko sieht. Zumal hätte der Investor die (bisher seltene) Möglichkeit in der Region sich im „grünen Licht" zu präsentieren und ein „Pionier" in Sachen Stromerzeugung durch Photovoltaik in der Region und türkeiweit (aufgrund aktuell geringer landesweiter PV-Kapazitäten) zu werden. Dies würde sicherlich auch bei seinen „Hotelgästen" positiv empfunden werden und für Werbung für sich und sein Hotel in Sachen Umweltschutz und Nachhaltigkeit sorgen. Womöglich würden auch andere Hotels aus der Region seinem Beispiel folgen.

6.4 Anlagenbetrieb zur vollständigen Stromeinspeisung

Im Folgenden sind die kalkulierten energetischen Bewertungsergebnisse der Projektierungen der kristallinen und Dünnschicht PV-Anlagen im Fall einer vorrangigen Stromeinspeisung in das örtliche Stromnetz zusammengestellt.[285]

Anlagentyp Bewertungsgröße	kristallin	Dünnschicht
zur Verfügung stehende sonnengerichtete Dachfläche	1000 m^2	
Brutto-PV-Fläche	611 m^2	622 m^2
Spitzenleistung	93,50 kWp (lizenzfrei)	77,76 kWp (lizenzfrei)
Modulhersteller/-leistung / Anzahl	Yingli/250W/374	First Solar/90W/864
Modulwirkungsgrad (STC)	15 %	12,5 %
Wechselrichteranzahl	6	5

---

[285] Hinweis: Werte in Anlehnung an die Simulationssoftware " PV-Sol Expert 5.0.

Spezifischer Jahresertrag	1.420 kWh/kWp	1.582 kWh/kWp
Performance Ratio (Anlagennutzungsgrad)	78,2 %	86,5 %
Systemnutzungsgrad	11,9 %	10,8 %
jährlicher Stromverbrauch	700.000 kWh	
jährlich erzeugte Strommenge	132.867 kWh	123.113 kWh
jährlich selbst genutzte Strommenge	0 kWh	
jährlich eingespeiste Strommenge	132.867 kWh	123.113 kWh
jährlicher Netzstrombezug	700.000 kWh	700.000 kWh
Verschattung	4 %	1 %
Gesamtdegradation nach 20 Jahren	10 %	
Vermiedene CO_2-Emissionen	117.660 kg/Jahr	109.028 kg/Jahr

Tab. 15: Energetische Bewertungsgrößen - Anlage zur vollständigen Stromeinspeisung (amorph und kristallin)

Bei beiden Anlagetypen ist von einem jährlichen Gesamtstromverbrauch von 700.000 kWh sowie von einer Gesamtdegradation der Module in Höhe von 10 % nach 20 Jahren auszugehen. Beide Anlagen wären lizenzfrei zu beantragen, weil die Nennleistungen unter 1.000 kWp liegen.

6.4.1 Bewertungsgrößen der kristallinen PV-Anlage zur vollständigen Stromeinspeisung

Der spezifische Jahresertrag der kristallinen Anlage beträgt 1.420 kWh/kWp. Mit einer Anlagenspitzenleistung von 93,50 kWp könnten jährlich ca. 132.867 kWh an Strom erzeugt werden. Wobei der Wert für die Stromertragsminderung durch Verschattung aufgrund der kristallinen Solarzellenstruktur 4 % beträgt.

Da in diesem Fall der Anlagenbetrieb primär zu Stromeinspeisungszwecken geschieht, sind die Einspeisevergütungen pro Jahr wichtig. Diese betragen, 0,10 Eurocents/kWh (Normaltarif) bzw. 0,15€/kWh (Bonustarif). Wird der jährlich erzeugte Strom in Höhe von 132.867 kWh eingespeist, so resultiert eine jährliche Einspeisevergütung von 13.287 € im Normal- bzw. 19.930 € im Bonustarif.

Da in dem vorliegenden Fall der jährliche Strombedarf des Hotels jedoch bei 700.000 kWh liegt, muss dieser, da der PV-Anlagen generierte Strom vollständig in das Netz eingespeist wird, vollständig vom Stromanbieter bezogen werden. Bezogen auf die gesamte Betriebsdauer der Anlage, wären nach 20 Jahren lediglich nur 132.870 € an Einspeisevergütung im Normaltarif bzw. 199.300 € im Bonustarif einzusparen, da die staatlich garantierte Einspeisevergütung in der Türkei aktuell nur für 10 Jahre gilt.

Pro Jahr könnten mit einer kristallinen Anlage CO_2-Emissionen in Höhe von 117.660 kg vermieden werden. Bei diesem Anlagentyp wären, mit einem Anlagennutzungsgrad von 78,2 %, die Sekundärkosten mit 701,25 €/Jahr zu veranschlagen. Eine netzgekoppelte kristalline PV-Anlage amortisiert sich in dem Fall nach mehr als 20 Jahren.

6.4.2 Bewertungsgrößen der Dünnschicht PV-Anlage zur vollständigen Stromeinspeisung

Bei einer ähnlich dimensionierten Dünnschicht PV-Anlage würde eine mögliche Spitzenleistung von etwa 77,76 kWp erreicht und mit einem spezifischen Jahresertrag von 1.582 kWh/kWp ca. 123.113 kWh an Strom pro Jahr erzeugt werden. Der Anlagennutzungsgrad beträgt bei dieser Anlage 86,5 % und der Wert für die Stromertragsminderung durch Verschattung 1 %.

Da in diesem Fall der Anlagenbetrieb primär zu Stromeinspeisungszwecken geschieht, sind die Einspeisevergütungen pro Jahr wichtig. Diese betragen, 0,10 Eurocents/kWh (Normaltarif) bzw. 0,15€/kWh (Bonustarif). Wird der jährlich erzeugte Strom in Höhe von 123.113 kWh eingespeist, so resultiert eine jährliche Einspeisevergütung von 12.311 € im Normal- bzw. 18.467 € im Bonustarif.

Da in dem vorliegenden Fall der jährliche Strombedarf des Hotels jedoch bei 700.000 kWh liegt, muss dieser, weil der PV-Anlagen generierte Strom vollständig in das Netz eingespeist wird, vollständig vom Stromanbieter bezogen werden.

Bezogen auf die gesamte Betriebsdauer der Anlage, wären nach 20 Jahren lediglich nur 123.113 € an Einspeisevergütung im Normaltarif bzw. 184.670 € im Bonustarif einzusparen, da die staatlich garantierte Einspeisevergütung in der Türkei nach aktueller Gesetzgebung nur für 10 Jahre gilt.

Pro Jahr könnten mit einer Dünnschicht-Anlage CO_2-Emissionen in Höhe von 109.028 kg vermieden werden. Bei diesem Anlagentyp wären, mit einem relativ hohen Anlagennutzungsgrad von 86,5 %, die Sekundärkosten mit 622 €/Jahr zu veranschlagen. Eine netzgekoppelte Dünnschicht-PV-Anlage amortisiert sich in dem Fall nach ca. 11 Jahren.

6.4.3 Investitionsbewertung beider Anlagen bei vollständiger Stromeinspeisung

Im Folgenden sind die kalkulierten investitionsrelevanten Bewertungsgrößen zur Projektierung der kristallinen- und Dünnschicht-PV-Anlagen für den angenommenen Fall der vorrangigen Strombedarfsdeckung zusammengestellt.[286]

Anlagentyp / Bewertungsgröße	kristallin	Dünnschicht
Betrachtungszeitraum	20 Jahre	
Gesetzlich garantierte Einspeisevergütungsdauer	10 Jahre	
Investitionsvolumen	140.250 €	124.416 €
Sekundärkosten (jährliche Steigerung um 0,5 %)	701,25 €/Jahr	622,08 €/Jahr
Einspeisevergütung (Tarif 0,10 €-cents/kWh - begrenzt auf 10 Jahre)	13.286,67 €/Jahr	12.311,27 €/Jahr
Strombezugskosten	0,10 €/kWh	
Strombezugskosten pro Jahr	70.000 €	70.000 €
Rendite	-	
Stromgestehungskosten	0,06 €/kWh	0,05 €/kWh
Kapitalwert	-13.236,88 €	-6.115,60 €
Amortisationszeit	mehr als 20 Jahre	10,9 Jahre

Tab. 16: Betriebswirtschaftliche Bewertungsgrößen - Anlage bei vollständiger Stromeinspeisung (amorph und kristallin)

---

[286] Hinweis: Werte in Anlehnung an die Simulationssoftware " PV-Sol Expert 5.0.

Weil in diesem Fall der Anlagenbetrieb bei vorrangiger Stromeinspeisung in das regionale Stromnetz betrachtet werden soll, wird zum Wirtschaftlichkeitsvergleich der eingespeiste vergütete Strom beider Anlagen herangezogen. Da die staatlich garantierte Abnahme des eingespeisten Stroms in der Türkei nach aktueller Gesetzgebung lediglich bei 10 Jahren, und damit unter der marktüblichen Betriebsdauer einer PV-Anlage liegt, wird der eingespeiste Strom bei beiden Anlagetypen nur für die ersten 10 Jahre betrachtet. Kalkulationen über diesen Zeitpunkt hinaus wären dementsprechend äußerst spekulativ.

Darüber hinaus kommt bei der Wirtschaftlichkeitsbetrachtung die Bonusvergütung in Höhe von 0,15 €/kWh für den eingespeisten Strom aus PV-Anlagen keine Bedeutung zu, da aktuell kaum Anlagenkomponenten aus türkischen Produktionsstätten gefertigt werden. Eine Betrachtung der Wirtschaftlichkeit im Hinblick auf eine Abnahmevergütung mit dem gesetzlich garantierten Bonus-Einspeisetarif erscheint daher gegenwärtig als irrelevant.[287]

Wird die Wirtschaftlichkeit in Bezug auf grundlegende investitionsrelevante Bewertungsgrößen hin betrachtet, so wird ersichtlich, dass die Anlagen zunächst bei den Investitionskosten stark variieren. Die Investitionssumme für eine schlüsselfertige kristalline Anlage beträgt 140.250 € und ist damit kostenintensiver als die Anschaffung einer ähnlich dimensionierten Dünnschicht-Anlage, welche lediglich 124.416 € kosten würde.

Weiterhin müssten bei beiden Varianten Strom aus dem regionalen Energieversorgungsnetz bezogen werden, da der erzeugte Strom beider Anlagen nicht ausreicht, um den ganzjährlichen Strombedarf zu decken. Bei der kristallinen Anlage müssten somit 56.723,09 € und bei der amorphen Anlage 57.697 € an Stromkosten pro Jahr beglichen werden. An dem Punkt bleibt zu erwähnen, dass angenommen wird, dass der Strompreis von Jahr zu Jahr um ca. 5 % steigt. Diese Strompreisentwicklung wird in den Berechnungen berücksichtigt.

Allen genannten Ausgaben stehen nur die zu erwartenden Einnahmen durch die mögliche Einsparung des Strombezugs gegenüber. Daher sind beim Fall zur vorrangigen Stromeinspeisung des erzeugten Stroms durch den Anlagenbetrieb primär die

---

[287] In Anlehnung an Vgl. http://www.photovoltaik.org/news/international/photovoltaik-der-tuerkei-grosses-potenzial-zur-12550, (05.03.2013)

staatlich vergüteten Stromerträge in Bezug auf die Wirtschaftlichkeitsbewertung zu betrachten. Bei der kristallinen Anlage würden im Jahr ca. 13.287 € im Jahr und bei der Dünnschichtanlage ca. 12.311 € im Jahr durch eine Einspeisung in das regionale Stromnetz vergütet werden.

Bezogen auf 20 Jahre Betriebsdauer und einer gesetzlichen Vergütungsgarantie von 10 Jahren wären hier Erträge von 132.870 € bei der kristallinen und 123.110 € bei der amorphen Variante zu generieren. Jedes Jahr müssten allerdings Sekundärkosten von ca. 701 € bei der kristallinen Variante, bzw. ca. 622 € bei der Dünnschichtanlage beglichen werden müssen.

Werden nur die Stromgestehungskosten verglichen so beträgt dieser bei der kristallinen Anlage 0,06 €/kWh, wohingegen die Stromgestehungskosten bei der amorphen Solaranlage mit 0,05 €/kWh geringer wären. Aufgrund eines aktuellen Stromtarifs von 0,10 €/kWh des regionalen Stromlieferanten wären beide Alternativen zu empfehlen. Zumal sind in den nächsten Jahren Strompreissteigerungen in der Türkei, besonders wegen steigender Steuersätze und künftiger Energieknappheit zu erwarten. Jedoch müssen für den Vergleich der Wirtschaftlichkeit auch andere Bewertungsgrößen beachtet werden.

Werden nämlich die Amortisationszeitpunkte betrachtet, so wird ersichtlich, dass sich eine kristalline PV-Anlage im Betrachtungszeitraum von 20 Jahren nicht amortisiert, eine Dünnschichtanlage würde sich nach ca. 11 Jahren amortisieren. Der Wert für die kristalline Anlagenvariante ist überdurchschnittlich hoch, da normalerweise Anlagen beider Typen sich in diesen Breitengraden in der Regel zwischen 8-12 Jahren amortisieren sollten.[288]

Werden die Kapitalwerte zum Vergleich herangezogen, so sind bei beiden Anlagen diese negativ. Der Kapitalwert für den kristallinen Typ ist hierbei mit ca. -13.237 € wesentlich höher als der Kapitalwert für den amorphen Typ mit ca. -6.117 €. Nach den Ausführungen in dieser Ausarbeitung zum Thema „Kapitalwertverfahren" wären beide Werte kleiner als Null und einer Investition wäre dringend abzuraten, da der Investor am Ende des Betrachtungszeitraums keinen Gewinn erwarten und sogar ein Verlustgeschäft tätigen würde.

---

[288] Vgl. Geitmann, (2010), S.82f.

Der Anlagenbetreiber sollte in dem Fall aus monetärer Betrachtungsweise unbedingt die Möglichkeit einer Investition seines Kapitals in eine andere Energieerzeugungsmöglichkeit in Betracht ziehen.

6.5 Investitionsempfehlung

Folgend werden alle investitionsrelevanten Bewertungsgrößen aller vier Investitionsalternativen aufgelistet, um eine anschließend eine Investitionsempfehlung zu präsentieren.

Anlagentyp Bewertungsgröße	Kristallin	Dünnschicht	Kristallin	Dünnschicht
	100 % Eigenverbrauch		100 % Stromeinspeisung	
Betrachtungszeitraum	20 Jahre			
Vergütungszeitraum	10 Jahre			
Investitionsvolumen	140.250 €	124.416 €	140.250 €	124.416 €
Sekundärkosten (jährliche Steigerung um 0,5 %)	701,25 €	622,08 €	701,25 €	622,08 €
Strombezugskosten[289]	0,10 €/kWh für das erste Jahr mit jährlichem Zuwachs in Höhe von 5 %			
Stromgestehungskosten[290]	0,06 €/kWh	0,05 €/kWh	0,06 €/kWh	0,05 €/kWh
Ausgaben für Strombezug in 20 Jahren	1.134.460 €	1.153.940 €	1.400.000 €	
Einsparungen Strombezug bzw. Einspeisevergütungserträge nach n Jahren	265.538 € nach 20 Jahren	246.061 € nach 20 Jahren	132.870 € nach 10 Jahren	123.110 € nach 10 Jahren
Rendite	10,9 %	11,5 %	-	-
Kapitalwert	290.455 €	275.311 €	-13.237 €	-6.116 €
Amortisationszeit in Jahren	9,2	8,8	mehr als 20	10,9

Tab. 17: Investitionsrelevante Bewertungsgrößen - alle Anlagenalternativen (amorph und kristallin)

---

[289] Hinweis: Nach dem Statistikamt der Türkei wird eine jährliche Strompreissteigerung in Höhe von 5 % angenommen.

[290] **Stromgestehungskosten** bezeichnen die Kosten, welche für die Energieumwandlung von einer anderen Energieform in elektrischen Strom notwendig sind.

Werden alle investitionsrelevanten Werte aller simulierten vier Anlagenalternativen betrachtet, so ist erkennbar, dass die beiden PV-Anlagenalternativen für den Zweck der 100 %-igen Stromeinspeisung von einer Investitionsentscheidung vollständig zu vernachlässigen sind. Sowohl bei der kristallinen, als auch bei der Dünnschichtanlage würde sich keine Investition als lohnenswert erweisen, da bei beiden der Kapitalwert kleiner als Null ist und somit mit einem Verlustgeschäft für den Investoren einherginge. Zudem sind bei beiden die Amortisationszeiten relativ hoch. Als ein weiterer Grund gilt hier, dass nach aktueller Gesetzeslage der Strom zur Einspeisung nur für 10 Jahre vom Staat vergütet wird.

Somit bleiben für eine Investitionsempfehlung nur die beiden Anlagenvarianten übrig, die vorrangig mit dem Eigenverbrauchsgedanken projektiert wurden. Werden die Bewertungsgrößen beider Anlagen miteinander verglichen, so fällt zunächst auf, dass die Dünnschichtanlage mit einer geringeren Anschaffungsauszahlung, geringeren Stromgestehungskosten, geringeren Sekundärkosten und geringeren Amortisationszeit-räumen sowie mit einem höheren Renditewert punktet. Allerdings ist der Kapitalwert, also die Erhöhung des Vermögens am Ende des Betrachtungszeitraums, bei der kristal-linen PV-Anlage höher.

Es lässt sich sagen, dass in dem Fall der Investor sowohl die amorphe, als auch die kristalline Alternative, zu einer Investition in Betracht ziehen könnte, da die Unter-schiede nicht gravierend sind. Bei beidem wäre eine Investition insbesondere in Bezug auf den Kapitalwert, auf die Stromgestehungskosten und den Unterhalt der Anlagen lohnenswert.

Wenn jedoch, die im 2. Kapitel dieser Ausarbeitung beschriebenen Vor- und Nachteile beider Solaranlagentypen, in eine Investitionsentscheidung miteinbezogen werden, so lässt sich die kristalline PV-Anlage empfehlen. In der Regel ist eine kristalline Anlage langlebiger als eine Dünnschichtanlage (auch über die Betriebsdauer von 20 Jahren), hat ein gutes Preis/Leistungsverhältnis und ist mit einem Wirkungsgrad von ca. 15 % effizienter als die amorphe Variante. Des Weiteren sind kristalline Module bei Repara-tur- oder Schadensfällen leichter auszutauschen.[291]

Abschließend bleibt als Hinweis zu erwähnen, dass in dieser Ausarbeitung lediglich einige von vielen Investitionsalternativen untersucht wurden. Zumal wurde die Alterna-

---

[291] In Anlehnung an das Informationsgespräch mit dem Geschäftsführer eines Berliner Solarunternehmens.

tive einer Bonusvergütung außer Acht gelassen, da sie nach gegenwärtiger Lage im türkischen Photovoltaik-Markt aufgrund unzureichender türkischer Produktionskapazitäten noch nicht realisiert werden kann. Ein Einbezug der Bonusvergütung erschien daher eher spekulativ. Des Weiteren wurden die Kosten für den Dieselgenerator des Hotels, welcher bei Stromausfällen sich einschaltet, in die beispielhaften Investitionskalkulationen aufgrund fehlender Ausgangsgrößen nicht in die Wirtschaftlichkeitsberechnung miteinbezogen.

Die Kosten für dessen Betrieb eines Generators in der Türkei sind aber relativ hoch. So gehören die Dieselpreise in der Türkei mit aktuell 1,78 € / l zu den weltweit höchsten.[292]

Überdies hätte der Anlageninteressent die Möglichkeit von einer „ausgewogenen" Fremdfinanzierung Verwendung zu machen. Der Interessent könnte seine Finanzierungsstruktur anders halten und mit einem Anteil an Fremdkapital einer zinsgünstigen Bank eine Investition tätigen, um vom Leverage-Effekt zu profitieren.[293] In diesem Fall könnte er über das restliche Kapital jederzeit frei verfügen, da es nicht fest gebunden wäre in nur einer Investition.

Insbesondere eine langfristig angelegte Investitionsentscheidung, wie eine PV-Anlage sollte daher detailliert und umfassend durchdacht werden. Daher ist es bei einer ernsthaften Investitionsentscheidung wichtig, mehrere Angebote verschiedener Fachbetriebe einzuholen, um das Risiko einer Fehlinvestition zu vermeiden.

---

[292] http://benzinpreis.de/maps.phtml (13.05.2013)
[293] Siehe Kapitel Finanzierung einer PV-Anlage

7 Abschließende Beurteilung des Potenzials von Photovoltaikanlagen in der Türkei

7.1 Wirtschaftliche Betrachtung

Mit den Ergebnissen dieser Ausarbeitung ist deutlich geworden, dass in der Türkei grundsätzlich hohe Potenziale zur Nutzung aller unterschiedlichen regenerativen Energiequellen vorzufinden sind. Jedoch können diese Potenziale gegenwärtig aufgrund einiger hinderlicher Rahmenbedingungen nicht voll ausgeschöpft werden. Vor allem stellen die aktuell niedrigen Abnahmevergütungen (0,10 bzw. 0,15 €/kWh) und die Begrenzung der Vergütung auf 10 Jahre sowie die landesweite Kapazitätsbegrenzung (600 MW) für die Stromeinspeisung durch PV-Anlagen große Hindernisse im zügigen Ausbau der PV-Kapazitäten in der Türkei dar.

Daher müssten von Seiten der türkischen Energiepolitik grundlegende Rahmenbedingungen nochmal überarbeitet und optimiert werden, damit PV–Anlagen wirtschaftlicher betrieben und potenzielle Investoren nicht abgeschreckt werden. Gegenwärtig wird der Anschein erweckt, als ob die türkische Politik nicht ausreichend genug vom Wert der Erneuerbaren Energien im eigenen Lande, insbesondere der Photovoltaik überzeugt ist, um der Stromerzeugung mit Hilfe der „unendlich scheinenden" Sonne einen höheren Stellenwert beizumessen.

Allerdings muss auch betont werden, dass das gegenwärtige Stromnetz und die Energieinfrastruktur der Türkei. derzeit noch ziemlich veraltet und modernisierungsbedürftig, noch nicht in der Lage ist, allzu viel Strom durch alternative Energien, wie der Photovoltaik aufzunehmen. Vielerorts fehlen noch die technischen Voraussetzungen. So kommt es in einigen Regionen immer noch zu ständigen Stromausfällen. Es ist jedoch zu erwarten, dass sich die Lage vor allem wegen der zügigen und zunehmende Privatisierungs- und Modernisierungsbestrebungen der Energiepolitik in naher Zukunft erheblich verbessern wird.

Auch die im Gegensatz zu vielen europäischen Ländern höhere Solarstrahlungswerte (im Durchschnitt ca. 1.527 kWh/m^2 und ca. 2.738 Sonnenstunden)[294] in der Türkei

---

[294] Vgl. **Eclareon GmbH** (2012) Der türkische Photovoltaikmarkt Status & Perspektiven; Präsentation von Christian Grundner (Project Manager Market Intelligence), September 2012.

begünstigt daher noch keine betriebswirtschaftlich sinnvollen Investitionen im Bereich der Solaranlagen (mit dem vorrangigen Zweck der Stromeinspeisung), weil zum einen der Normalvergütungstarif mit 0,10 €/kWh zu niedrig ist und da kein Vorteil von der sogenannten höheren Bonusvergütung (ca. 0,15 €/kWh) gezogen werden kann, da aktuell kaum Solaranlagenkomponenten erzeugende Unternehmen in der Türkei präsent sind. Gegenwärtig sind lediglich viele Montagebetriebe im türkischen Solarmarkt zugegen, die PV-Anlagen für ihre Kunden zusammenstellen und installieren. Hierzu werden jedoch fast alle Anlagenkomponenten, besonders Solarzellen und Wechselrichter, aus dem Ausland importiert. Die Regierung verfolgt augenscheinlich das Ziel, durch die gesetzlich festgelegte höhere Einspeisevergütung in Form der sogenannten „Bonusvergütung" ausländische Photovoltaik- Hersteller zu veranlassen, Teile ihrer Produktion in die Türkei zu verlagern. Dieses Ziel ist ziemlich ausgeklügelt, denn dadurch würden ausländische Investitionen in der Türkei getätigt und Arbeitsplätze geschaffen werden. Auch würde keine Konkurrenz aus Fernost den derzeit noch so „jungen" PV-Markt der Türkei mit kostengünstigen PV-Komponenten bzw. ganzen PV-Anlagensystemen überschwemmen können. Womöglich könnte hierbei auch die ortsansässige Solarthermiebranche, welche große Marktanteile in der Türkei besitzt, profitieren und ggf. auch die Fertigung von Solaranlagenkomponenten übernehmen. Das Kalkül dieser Strategie könnte aufgehen. Die Produktionskosten in der Türkei sind deutlich niedriger als in den westlichen Industriestaaten. Zudem könnten durch eine Etablierung einer wettbewerbsfähigen Solarindustrie auch potenzielle Zukunftsmärkte in der Umgebung der Türkei, wie der „Nahen Osten" beliefert werden. [295]

Die Energiepolitik in der Türkei muss sich auch in Anbetracht der geplanten und unbedingt notwendigen Energiediversifizierung und der Verringerung der Abhängigkeit vor allem beim Energieträgerbezug fossiler Art (Kohle, Erdöl und Erdgas) aus dem Ausland (speziell aus Russland) grundlegend der Wichtigkeit des schon vorhandenen Potenzials der Erneuerbaren Energien im eigenen Lande bewusst werden. Aktuell werden ca. 82 % des Primärenergiebedarfs der Türkei aus fossilen Energieimporten aus dem Ausland gedeckt, weil diese in der Türkei nicht vorhanden sind. Diese immensen Energieimportanteile sind überdurchschnittlich hoch und drücken schwer auf die türkische Außenhandelsbilanz. Das ist im Umkehrschluss nicht nur teuer, sondern stellt auch ein Hindernis für die Beitrittsambitionen der Türkei zur EU dar.

Alles in Allem bleibt die Türkei, trotz geringer Einspeisevergütungssätze dennoch ein interessanter Markt für Investoren. Es lässt sich grob festhalten, dass aktuell für größer dimensionierte PV-Anlagenbetreiber mit einer Nennleistung über 500 kWp beide Einspeisevergütungssätze interessant sind und für kleinere Anlagenbetreiber unter 500 kWp wäre ein Betrieb einer PV-Anlage aufgrund der stetig steigenden Strompreise in der Türkei von Bedeutung.[296] Jedoch ist auch zu erwähnen, dass nach Angaben des türkischen Dachverbands für Solarenergie (GENSED) die Preise für schlüsselfertige PV-Systeme in den letzten Jahren stark gesunken sind und nach wie vor andauern.[297] Dies ist auf die Technologieentwicklung und dem Wettbewerb im hart umkämpften Photovoltaikmarkt weltweit zurückzuführen. Dies würde in Verbund mit künftig attraktiveren Einspeisevergütungen dem türkischen PV-Markt den notwendigen Wachstumsschub geben.

Bei hochwertiger Anlagentechnik und qualitativen Solarmodulen kann zudem die Lebensdauer einer PV-Anlage zudem weit über 30 Jahre betragen. Auch wenn die gesetzliche Einspeisevergütung in der Türkei nach 10 Jahren abgelaufen ist, kann man den danach erzeugten Strom, aufgrund immer höher werdender Strompreise dennoch gut gebrauchen.[298]

Jahre 2013 - 2023	2013	2014	2015	2016	2017	2018	2019	2020	2021	2022	2023
Strompreis [Cent/kWh]	10	10,5	11	11,55	12	12,6	13	13,65	14	14,7	15
Jahre 2024 - 2034	2024	2025	2026	2027	2028	2029	2030	2031	2032	2033	2034
Strompreis [Cent/kWh]	15,75	16	16,8	17	17,85	18	18,9	19	19,95	20	21

Tab. 18: Strompreisentwicklung Türkei (2013-2034)[299]

Zusammenfassend bietet die Türkei eine Fülle von Ressourcen „nachhaltiger" Energie. Die klimatische und geographische Lage, die dieses Potenzial im Bereich Erneuerbare Energien ermöglicht, sollte daher vermehrt zur Energiegewinnung genutzt werden. Ausländische Investoren, die ihren Schwerpunkt auf alternative Energielösungen,

---

[296] Quelle: **Eclareon** GmbH (2012) Der türkische Photovoltaikmarkt Status & Perspektiven; Präsentation von Christian Grundner (Project Manager Market Intelligence), September 2012.
[297] Vgl. http://gensed.tr.com (05.03.2013)
[298] Vgl. Stempel (2007),S.124
[299] Hinweis: Es wird in Anlehnung an das TÜIK(Türkische Statistikamt)eine Strompreissteigerung von 5 % pro Jahr angenommen. Einheitsstromtarif: Gewerbe.

speziell in der Photovoltaik haben, bietet die Türkei in den kommenden Jahren daher hervorragende Wachstumspotenziale[300].

Chancen	Risiken
hohes Sonnenenergiepotenzial	langsamer Lizenzgenehmigungsprozess
„Bonusvergütungssatz" für Solarstrom von etwa 13,3 US-Dollarcents/kWh für den Einsatz von in der „türkischen" PV-Komponenten	kurze staatlich garantierte Stromabnahmegarantie von 10 Jahren (in vielen EU-Ländern beträgt diese 20 Jahre)
keine zusätzliche Lizenzerfordernis für den Bau einer PV-Anlage bis 1000 kW_p Leistung	Begrenzung der max. Solarstromkapazität auf 600 MW
hohe Flächenverfügbarkeit zum Bau von Solarparks	Mangelhafte Öffentlichkeitsarbeit bzw. Werbemaßnahmen für die PV-Branche
viele Investoren bzw. starker Konkurrenzkampf sorgt für kostengünstige Preise	Lizenzerfordernis für Großanlagen ab 1 MW_p)
	Trend zu asiatischen Produkten (Bedrohung deutscher Produkte)

Tab. 19:Chancen und Risiken einer Investition in eine PV-Anlage in der Türkei

7.2 Ökologische Betrachtung

Der Betrieb einer PV-Anlage ist in der Türkei gegenwärtig noch keine Geldanlage, die schnelle und hohe Gewinne verspricht. Eine langfristig angelegte Geldanlage lässt sich aber auch schwer aus der Sicht kurzsichtigen Gewinnbestrebens beurteilen. Daher sind neben der Errechnung der ökonomischen Werte für viele Investoren auch nicht-monetäre Ziele von Belangen, welche nicht in Geldeinheiten messbar sind. Diese werden in vielen Fällen als sekundäre Ziele betrachtet. Jedoch sollten auch sie erwähnt werden, da diese meist indirekten Einfluss auf die finanziellen Werte haben. Zu den nicht-monetären Zielen gehören im Wesentlichen; Prestigesteigerung, umweltfreundliche Produktion und „Nachhaltiges Handeln". Bei allen regenerativen Energiequellen ist das Hauptargument für deren Nutzung ihr vergleichsweise geringerer Eingriff in die Natur und Umwelt, vor allem aber der wesentlich geringere Schadstoffemissionen bei der Energieerzeugung im Vergleich zu fossilen Energien.

---

[300] Vgl. Abdullah Emili, (2012), S.155 f.

Der Umweltschutz ist zwar eines der häufigsten Argumente für eine PV-Anlage, aber längst nicht das einzige, das für ein PV-System in der Türkei spricht: [301]

- mit Solarstrom kann jeder Anlagenbetreiber seine persönliche Ökobilanz aufbessern, den CO_2 Ausstoß reduzieren und mit seinem persönlichen Beispiel für die Nutzung Erneuerbarer Energien werben.
- eine „gewisse" Unabhängigkeit von einflussreichen Stromversorgungsunternehmen
- die Anlage kann als langfristige Sachinvestition betrachtet werden, da sie zum einen den Wert des Objekts steigert und zum anderen i.d.R. auch über 20 Jahre Strom generieren kann.
- besonders private PV-Anlagenbetreiber entwickeln durch täglichen Umgang mit Energie ein ganz neues Bewusstsein und versuchen auch an anderen Stellen Energieeffizienter zu werden und unnötige Kosten zu sparen.

Es lässt sich festhalten, dass die bisherigen Bestrebungen der Türkei zum Ausbau der Erneuerbaren Energie primär wirtschaftlich motiviert sind. Ein ökologisches Bewusstsein hat sich bei der großen Mehrheit der Bevölkerung in der Türkei bisher noch nicht verankert.[302] Daher würde eine Implementierung der Erneuerbaren Energien in die türkische Energiepolitik für eine stetige Steigerung eines türkeiweiten Umweltbewusstseins sorgen. [303] Der Aspekt des Umweltschutzes und der Etablierung der Energiegewinnung aus Erneuerbaren Energien muss eine höhere Wichtigkeit erhalten und sollte keinesfalls unterschätzt werden.

Wie in der Ausarbeitung erwähnt, plant die türkische Regierung bis zum Jahresende 2015 mindestens ein Kernkraftwerk ans Netz anzuschließen. Bei dem aktuellen immer höher werdenden nationalen Energiebedarf (jährlich 7%), damit einhergehend zwingend notwendiger Investitionen in energieerzeugende Kapazitäten sowie möglicher Energieengpässe im Land kann es durchaus möglich sein, dass die Energiepolitik „notgedrungen" diesen Schritt wagt. Nach Einschätzung des Autors dürfte diese Entscheidung, gerade mit Blick auf die aktuellen Folgen in Fukoshima nach dem verheerenden Auswirkungen für das Land und die Umwelt, von der türkischen Regierung noch einmal

---

[301] Vgl. Seltmann, (2005), S.21 ff.

[302] Vgl. Studie der Deutschen Bundesstiftung Umwelt(2007) (o.V.) „Ermittlung des wirtschaftlich erschließbaren Potenzials Erneuerbarer Energien in der Türkei" und auch http://gensed.org/ (30.03.2013).

[303] http://www.photovoltaik.org/news/international/photovoltaik-der-tuerkei-grosses-potenzial-zur-12550 (05.03.2013)

überdacht werden, zumal es sich auch bei der Türkei um ein seismologisch gefährdete Region handelt.

Es ist offensichtlich, welches enorme Potenzial die alternativen Energiequellen in der Türkei vorzuweisen haben. Werden beispielsweise nur die Rahmenbedingungen für den Betrieb von PV-Anlagen optimiert, so können auch die Kapazitäten der Photovoltaik, schon in den nächsten Jahren einen beachtlichen Beitrag zur nationalen Strombedarfsdeckung leisten.

Sicherlich muss die Türkei im Hinblick auf eine finanziell stabile Diversifizierung der Energiebedarfsdeckung derzeitig vor allem ökonomische Ziele im Fokus halten. Doch sollten aus Sicht des Umweltschutzes und der Energiedeckung aus alternativen Energien auch nicht-monetäre Ziele von Belangen sein und nicht nur aus rein finanziellem Interesse in die Erneuerbare Energien investiert werden. [304]

---

[304] Vgl. Abdullah Emili, (2012), S.155 f.

Quellenverzeichnis

A.Aulich. (2007). Von der Manufaktur zu Giga-Watt-Anlagen - die Solarenergie auf dem Weg zur Großindustrie. In H. Aulich, *Produktionstechnologien für die Solarenergie* (S. 36 - 44). Berlin: Forschungsverbund Sonnenenergie (FVS) / Bundesverband Solarwirtschaft (BSW).

Abdullah Emili, D. D. (2012). Türkei – Neue Herausforderungen und Investitionsmöglichkeiten durch Aufschwung im Energiemarkt. In U. S. Hans-Gerd Servatius, *Smart Energy - Wandel zu einem nachhaltigen Energiesystem* (S. 145-156). Heidelberg: Springer Verlag.

Achilles, O. (2011). *Solarstaat - Energiekehre statt Energiewende.* Berlin: Epubli GmbH.

British Petrol BP, (o.V.). (Juni 2012). *"BP Statistical Review of World Energy 2012".*

Deutsch - Türkisches Journal, (o.V.). (17. Dezember 2012). *„Deutsch-Türkisches Energieforum setzt auf erneuerbare Energien".* Abgerufen am 2. April 2013 von http://dtj-online.de/news/detail/1768/deutsch_turkisches_energieforum_setzt_auf_erneuerbare_energien.html

Deutschen Bundesstiftung Umwelt (o.V.). (2007). *„Ermittlung des wirtschaftlich erschließbaren Potenzials Erneuerbarer Energien in der Türkei".* Studie.

Deutsch-Türkische Industriehandelskammer AHK (o.V.). (2010). *Fact Sheet - "Energieeffizienz in der Industrie".* Abgerufen am 1. Februar 2013 von www.efficiency-from-germany.info/EIE/Redaktion/PDF/factsheet-tuerkei-2010-HJ1,property=pdf,bereich=eie,sprache=de,rwb=true.pdf

Dilekci, A. (2010). *Marktchancen und Förderung erneuerbarer Energien in der Türkei.* Heidelberg: Springer Verlag.

Dimmler, B. (2008). CIS - Photovoltaikmodule in der Serienfertigung. In C. Jehle, *Photovoltaik - Strom aus der Sonne* (S. 9-21). Heidelberg-Berlin: C.F.Müller Verlag.

Eclareon GmbH, Christian Grundner. (09. September 2012). „Der türkische Photovoltaikmarkt Status & Perspektiven". *Informationspräsentation* . Berlin, Deutschland.

Forschungsverbund Erneuerbare Energien. (2010). Energiekonzept 2050. In F. Institut (Hrsg.), *Eine Vision für ein nachhaltiges Energiekonzept auf Basis von Energieeffizienz und 100% erneuerbaren Energien* (S. 8 ff.). Berlin: Hoch3 Verlag GmbH.

Geitmann, S. (2010). *Erneuerbare Energien - Mit neuer Energie in die Zukunft.* Oberkrämer: Hydrogeit Verlag.

GENSED, Ismail Hakki Karaca. (2012). *"Role of GENSED in Turkish Solar Industry and Regulatory Expectations".* Informationspräsentation auf der IRENEC Messe, Istanbul, Türkei.

Germany Trade and Invest (o. V.). (25.Juni.2010). *„Strompreise in der Türkei haben sich deutlich erhöht".*

Germany Trade and Invest, (o. V.). (18.März.2010). *"Energiewirtschaft Türkei 2009".* Studie.

Germany Trade and Invest, (o.V.). (4. November 2012). *Wirtschaftsdaten kompakt - Türkei.* Abgerufen am 2. Februar 2013 von http://www.gtai.de/GTAI/Content/DE/Trade/Fachdaten.pdf

Germany Trade and Invest, Marcus Knupp. (14. Oktober 2011). *"Konventionelle Kraftwerke tragen Hauptlast in der Türkei".* Abgerufen am 6. März 2013 von http://www.gtai.de/GTAI/Navigation/DE/Trade/maerkte,did=76996.html

Germany Trade and Invest, Marcus Knupp. (21.Juni.2011). *„Kohle ist wichtigste einheimische Energiequelle der Türkei".*

Hanus, B. (2007). *Das große Solar- und Windenergie- Werkbuch.* Berlin: Franzis Verlag.

Institut für ökologische Wirtschaftsforschung, Sascha Faradsch. *„Analyse und Beurteilung der Türkei als Zielmarkt für den Export von Dienstleistungen durch deutsche Unternehmen im Bereich erneuerbarer Energien.* Studie.

Ipek, O. (1997). *"Günes enerjisinin Türkiyede kullanimi" (übersetzt: Anwendung der Sonnenenergie in der Türkei)*. Konya: Doganhisar Verlag.

Kohlenbach, P. (2012). Energiewirtschaft und Regenerative Energien, Skriptum, Sommersemester 2012. *Nutzung regenerativer Energiequellen* . Berlin, Berlin.

Konrad, F. (2007). *Planung von Photovoltaikanlagen - Grundlagen und Projektierung*. Wiesbaden: Vieweg & Sohn Verlag.

Konstantin, P. (2007). *Energieumwandlung, -transport und -beschaffung im liberalisierten Markt*. Heidelberg: Springer Verlag.

Konstantin, P. (2007). *Praxisbuch Energiewirtschaft - Investitionsrechnung in der Energiewirtschaft*. Berlin - Heidelberg: Springer Verlag.

Krimmling, J. (2009). *Erneuerbare Energien, Einsatzmöglichkeiten-Technologien-Wirtschaftlichkeit*. Köln: Rudolf Müller Verlag.

Lobert Partnerschaft Rechtsanwälte, Bülent Bilaloglu. (7. September 2012). Informationspräsentation. *„Die rechtlichen Rahmenbedingungen für Investitionen in Photovoltaikanlagen in der Türkei - Rechtliche Grundlagen und Einspeisungsgesetze"* . Berlin, Deutschland.

MHH Solartechnik GmbH. (2008). *Photovoltaik-ABC*. Tübingen.

Münchner Rück. (2009). *Unser Betrag für eine CO2 - arme Energieversorgung*. München.

Quaschning, V. (2011). *Regenerative Energiesysteme, Technologie - Berechnung - Simulation*. München: Hanser Verlag.

Rindelhardt, U. (2001). *Photovoltaische Stromversorgung*. Stuttgart / Leipzig / Wiesbaden: B.G.Teuber Verlag GmbH.

Rudas, K., & Witte, F. (2011). *Wirtschaftlichkeitsanalyse von dachintegrierten Solarmodulen*. Aachen: Shaker Verlag.

Scharp, M., & Behringer, R. (2007). *Sonnenenergie, Sonnenwärme und Solarstrom* (Bd. 4). Berlin: IZT - Institut für Zukunftsstudien und Technologiebewertung.

Scon-marketing GmbH, Jascha Schmitz, Benjamin Volkmann. (kein Datum). *Ihr PV-Ratgeber-So verstehen und planen Sie Ihre eigene Solarstromanlage.* Abgerufen am 3. März 2013 von http://www.solaranlagen-portal.de/photovoltaik-ratgeber.pdf

Seltmann, T. (2005). *Photovoltaik - Strom ohne Ende, Netzgekoppelte Solarstromanlagen optimal bauen und nutzen.* Berlin: Beuth Verlag.

Solarkauf, Karl-Ulrich Kalex. (2012). *Funktionsweise einer PV-Anlage.* Informationspräsentation, Berlin.

Staab, J. (2011). *Erneuerbare Energien in Kommunen.* Wiesbaden: Gabler Verlag.

Stempel, U. (2007). *Photovoltaik - Solaranlagen für Alt- und Neubauten selbst planen und installieren.* (11-59, Übers.) Poing: Franzis Verlag.

Stiftung Wissenschaft und Politik, Heinz Kramer. (2010). *„Die Türkei als Energiedrehscheibe" - Wunschtraum und Wirklichkeit, im Unterkapitel: „Die Rohstoffpotenziale".* Studie.

Stübben, F. (2010). *Neue Ansätze zur Steigerung der Energieeffizienz in Haushalten durch staatliche Regulierung.* Bamberg: Berg Verlag.

TBMM Türkisches Parlament. (10. Mai 2005). *TBMM Gesetz Nr. 5094, „Gesetz zur Nutzung erneuerbarer Energiequellen zur Stromerzeugung".* Abgerufen am 13. April 2013 von http://www.tbmm.gov.tr/kanunlar/k5346.htm

TBMM Türkisches Parlament. (29. Dezember 2011). *TBMM Gesetz Nr. 6094, "Gesetzänderung zur Nutzung von erneuerbarer Energiequellen zur Stromerzeugung".* Abgerufen am 13. 04 2013 von
http://www.tbmm.gov.tr/develop/owa/kanunlar_sd.durumu?kanun_no=6094

Transferstelle Bingen (o.V.). (2006). *Rationelle und Regenerative Energienutzung.* Heidelberg: C.F.Müller.

TU Darmstadt. (kein Datum). *PV-Technologie, Solarzellenarten im Überblick.* Abgerufen am 20. Februar 2013 von
 http://tuprints.ulb.tu-darmstadt.de/290/8/Anhang_AII.pdf

Wagner, A. (2007). *Photovoltaic Engineering, Handbuch für Planung, Entwicklung und Anwendung.* Heidelberg: Springer Verlag.

Anhang

Anhang 1: Vollständige Liste staatlich ausgeschriebener Gebiete für PV Anlagen [305]

BÖLGE VE TRAFO MERKEZİ BAZINDA GÜNEŞ ENERJİSİNE DAYALI ELEKTRİK ÜRETİM TESİSİ BAĞLANABİLİR KAPASİTELERİ					
BÖLGE NO	UTM 6 DERECE KOORDİNATLAR				KAPASİTE (MW)
	TRAFO MERKEZLERİ	SAĞA DEĞER	YUKARI DEĞER	DİLİM	
1 KONYA	AKŞEHİR	363003,68	4244202,67	36	46
	ALİBEYHÖYÜĞÜ	468914,86	4152368,07	36	
	BEYŞEHİR	385119,41	4178209,90	36	
	ÇUMRA	477976,38	4158640,94	36	
	KONYA-3	465965,76	4201426,91	36	
	KONYA-4	478084,91	4188168,14	36	
	LADİK	448984,86	4225276,45	36	
	SEYDİŞEHİR	399320,23	4146404,44	36	
2 KONYA	ALTINEKİN	489600,00	4241126,00	36	46
	EREĞLİ	596063,21	4155309,15	36	
	GÜNEYSINIR	476806,00	4125254,00	36	
	KARAPINAR	548582,72	4176118,36	36	
	KIZÖREN	515451,42	4221725,76	36	
3 VAN AĞRI	BAŞKALE 380	422375,00	4214015,00	38	77
	ENGİL	341774,89	4250656,88	38	
	ERCİŞ	356470,71	4323712,78	38	
	VAN	356151,46	4266051,89	38	
	VAN 380	353339,00	4272418,00	38	
4 ANTALYA	AKORSAN	288284,98	4105398,68	36	29
	FİNİKE	243601,68	4022992,66	36	
	KAŞ	739819,93	4009356,82	35	
	KEMER	280848,33	4051178,88	36	
	KORKUTELİ	251423,04	4107777,90	36	
	SERBEST BÖLGE	285295,90	4080899,59	36	
5 ANTALYA	AKSEKİ	392152,86	4099905,78	36	29
	ALANYA 1	403101,84	4047677,75	36	
	ALANYA 2	421598,00	4039770,45	36	
	ALARA	382006,76	4058900,64	36	
	GAZİPAŞA	434882,94	4018240,64	36	
	GÜNDOĞDU	348585,41	4080207,22	36	
	SERİK	329845,31	4088658,25	36	
	VARSAK	295883,34	4092710,06	36	
6 KARAMAN	ERMENEK	497480,00	4046971,00	36	38
	KARAMAN	517251,94	4115608,13	36	
	KARAMAN OSB	528638,87	4118954,31	36	
7 MERSİN	AKBELEN	642238,91	4076734,87	36	35
	ANAMUR	488029,38	3994216,37	36	
	ERDEMLİ	623476,36	4061385,66	36	
	GEZENDE HES	524430,00	4046223,00	36	
	MERSİN 2	638211,30	4074606,00	36	

---

[305] **Hinweis zu den wichtigsten Begrifflichkeiten in türkischer Sprache**: Bölge = Region, Kapasite = Leistungskapazität, Trafo Merkezleri = Orte der Regionen, wo die Trafo-Zentralen sich befinden.

	MERSİN 380	651630,00	4086526,00	36	
	TAŞUCU	580282,55	4021214,33	36	
8 KAHRAMAN MARAŞ ADIYAMAN	ADIYAMAN GÖLBAŞI	382167,26	4182023,49	37	27
	ANDIRIN	267050,97	4164486,69	37	
	ÇAĞLAYAN HAVZA	294250,00	4188600,00	37	
	DOĞANKÖY	339816,60	4240831,15	37	
	GÖKSUN	284506,67	4211959,56	37	
	KAHRAMANMARAŞ	318325,74	4159659,26	37	
	KILAVUZLU	306924,48	4163770,22	37	
	NARLI	335040,33	4138942,78	37	
	SIR	287662,45	4153122,35	37	
9 BURDUR	BUCAK	285301,82	4147289,58	36	26
	BURDUR	265275,00	4182062,81	36	
	TEFENNİ	746616,45	4131937,67	35	
10 NİĞDE NEVŞEHIR AKSARAY	BOR	637055,13	4192947,76	36	26
	DERINKUYU	650664,00	4249967,00	36	
	MİSLİOVA	653310,23	4233043,98	36	
	NİĞDE 2	651096,87	4205497,32	36	
11 KAYSERİ	ÇİNKUR	697185,53	4287853,18	36	25
	KAYSERİ KAPASİTÖR	731652,26	4304550,88	36	
	PINARBAŞI	270748,38	4286429,53	37	
	SENDİREMEKE	700765,87	4254903,75	36	
	TAKSAN	690510,44	4270232,83	36	
	YEŞİLHİSAR	686546,07	4234913,69	36	
12 MALATYA ADIYAMAN	ADIYAMAN	433191,92	4178413,97	37	22
	DARENDE	368064,67	4270579,87	37	
	HASANÇELEBİ	401548,23	4315745,32	37	
	MALATYA 1	443003,20	4246805,79	37	
	MALATYA 2	449991,34	4243417,47	37	
	MALORSA	426761,63	4243431,44	37	
13 HAKKARI	BAĞIŞLI	415269,78	4175325,53	38	21
	HAKKARİ	386391,66	4161760,65	38	
14 MUĞLA AYDIN	BOZDOĞAN	615860,48	4171161,21	35	20
	DALAMAN	660740,42	4074513,71	35	
	DATÇA	560837,75	4068096,54	35	
	FETHİYE	690567,05	4060459,75	35	
	MARMARİS	611173,42	4080002,94	35	
	MUĞLA	619632,23	4119791,11	35	
	YATAĞAN	597369,44	4132070,13	35	
	YENİKÖY	578150,67	4111153,27	35	
15 ISPARTA AFYON	BARLA	306218,17	4209359,44	36	18
	EĞİRDİR	315216,01	4190934,79	36	
	ISPARTA	280865,05	4195296,87	36	
	KEÇİBORLU	262583,91	4204507,41	36	
	KOVADA 2	308496,76	4163690,43	36	
	KULEÖNÜ	291080,79	4194079,55	36	

	ŞARKİKARAAĞAÇ	351391,79	4222500,43	36	
16 DENİZLİ	ACIPAYAM	709190,00	4143300,00	35	18
	BOZKURT	728452,31	4188557,29	35	
	TAVAS	672121,45	4165984,43	35	
17 BİTLİS	ADİLCEVAZ	305568,10	4297936,75	38	16
	TATVAN	262382,99	4266494,75	38	
18 BİNGÖL TUNCELİ	BİNGÖL	630576,45	4306512,98	37	11
	ÖZLÜCE HES	593746,48	4331589,46	37	
	PÜLÜMÜR	576928,37	4371470,93	37	
	TUNCELİ	546358,62	4327825,75	37	
19 ŞIRNAK	PS-3	270648,69	4124983,21	38	11
	ŞIRNAK	272110,39	4154418,63	38	
	ULUDERE	302013,36	4146165,11	38	
20 ADANA OSMANİYE	BAHÇE	280856,49	4118420,88	37	9
	KARAİSALI	679557,37	4130446,16	36	
	OSMANİYE	253829,02	4105880,92	37	
	TOROSLAR	665263,14	4147840,78	36	
21 MUŞ	MUŞ	719277,11	4291321,29	37	9
22 SİİRT BATMAN MARDİN	KIZILTEPE	645487,90	4122895,43	37	9
	MARDİN	652907,89	4130656,93	37	
	SİİRT 380	747334,00	4202795,00	37	
	SİİRT ÇİM	738406,26	4204605,85	37	
	SİİRT TM	756573,14	4203396,88	37	
23 SİVAS	KANGAL	352696,65	432708,20	37	9
24 ELAZIĞ	ELAZIĞ 2	523072,47	4276260,06	37	8
	HANKENDİ	512221,90	4276806,08	37	
	HAZAR 1	531935,16	4266441,38	37	
	HAZAR 2	532376,57	4269567,27	37	
	MADEN	559742,66	4250141,68	37	
25 ŞANLIURFA DIYARBAKIR	SİVEREK	530460,27	4177950,47	37	7
26 ERZURUM	ERZURUM-1	694608,98	4422984,84	37	5
	ERZURUM-2	680208,79	4422056,56	37	
	HINIS	733851,45	4360097,29	37	
27 ERZİNCAN	ERZİNCAN	544811,57	4398734,39	37	3
	ERZİNCAN-OSB	532729,67	4402383,58	37	

NOT 1: HER BİR BÖLGEDE YER ALAN TRAFO MERKEZLERİNİN GÜNEŞ ENERJİSİNE DAYALI ELEKTRİK ÜRETİM TESİSİ BAĞLANABİLİR KAPASİTELERİNİN TOPLAMI;
O BÖLGENİN YUKARIDAKİ TABLODA YER ALAN KAPASİTESİNDEN FAZLA OLAMAZ.

Anhang 2: Liquiditätsprognose - Kristalline PV Anlage für den Eigenverbrauch

Unverbindliche Liquiditätsprognose

Jahr	Zins [€]	Tilgung [€]	Betriebskosten [€]	Einnahmen aus Vergütung [€]	Einsparungen Strombezug [€]	Ertrag/Belastung [€]	kumuliertes Jahresergebnis [€]	Kassenbestand [€]
2014			-701,25	0,00	13.276,90	12.575,65	12.575,65	-127.674,35
2015			-704,76	0,00	13.871,04	13.166,28	25.741,93	-114.508,06
2016			-708,28	0,00	14.491,41	13.783,13	39.525,06	-100.724,93
2017			-711,82	0,00	15.139,13	14.427,31	53.952,37	-86.297,62
2018			-715,38	0,00	15.815,40	15.100,02	69.052,39	-71.197,61
2019			-718,96	0,00	16.521,44	15.802,48	84.854,87	-55.395,12
2020			-722,55	0,00	17.258,55	16.536,00	101.390,87	-38.859,13
2021			-726,16	0,00	18.028,07	17.301,91	118.692,78	-21.557,22
2022			-729,80	0,00	18.831,39	18.101,59	136.794,37	-3.455,63
2023			-733,44	0,00	19.669,98	18.936,54	155.730,91	15.480,91
2024			-737,11	0,00	20.545,34	19.808,23	175.539,14	35.289,14
2025			-740,80	0,00	21.459,07	20.718,27	196.257,41	56.007,41
2026			-744,50	0,00	22.412,81	21.668,31	217.925,72	77.675,71
2027			-748,22	0,00	23.408,27	22.660,05	240.585,77	100.335,76
2028			-751,97	0,00	24.447,25	23.695,28	264.281,05	124.031,04
2029			-755,73	0,00	25.531,60	24.775,87	289.056,92	148.806,91
2030			-759,50	0,00	26.663,27	25.903,77	314.960,69	174.710,68
2031			-763,30	0,00	27.844,28	27.080,98	342.041,67	201.791,66
2032			-767,12	0,00	29.076,73	28.309,61	370.351,28	230.101,27
2033			-770,95	0,00	30.195,07	29.424,12	399.775,40	259.525,38
2034			-774,81	0,00	31.704,82	30.930,01	430.705,41	290.455,39
	0,00 €	0,00 €	-15.486,41 €	0,00 €	446.191,82 €		430.705,41 €	290.455,39 €

 **Tolga Göden** wurde 1983 in Berlin geboren. Nach der Erlangung der Fachhochschulreife in Elektrotechnik schloss der Autor 2011 ein duales Studium der Betriebswirtschaftslehre an der Technischen Fachhochschule in Berlin ab und spezialisierte sich dabei auf Marketing, Management und Controlling. Nach dem Bachelor of Science entschied er sich für den Studiengang des Wirtschaftsingenieurwesens mit Schwerpunkt auf Erneuerbare Energien und erlangte im Jahr 2013 den Studienabschluss des Master of Science.

Während des Studiums lagen die Interessen des Autors vor allem im Bereich der nachhaltigen Energieerzeugung, so dass er den Entschluss fasste, aus diesem Themenbereich eine umfangreiche, dabei aber leicht nachvollziehbare Untersuchung zu verfassen.